邓文庆◎著

好心态
才能有
好情绪

台海出版社

图书在版编目（CIP）数据

好心态才能有好情绪／邓文庆著 . —北京：台海
出版社，2019. 3

ISBN 978-7-5168-2277-7

Ⅰ. ①好… Ⅱ. ①邓… Ⅲ. ①心理学—通俗读物
Ⅳ. ① B84-49

中国版本图书馆 CIP 数据核字（2019）第 041630 号

好心态才能有好情绪

著　　者：邓文庆

责任编辑：徐　玥　　　　　　　装帧设计：胡椒書衣
版式设计：赵彩英　　　　　　　责任印制：蔡　旭

出版发行：台海出版社
地　　址：北京市东城区景山东街 20 号　　邮政编码：100009
电　　话：010-64041652（发行，邮购）
传　　真：010-84045799（总编室）
网　　址：www. taimeng. org. cn/thcbs/default. htm
E-mail：thcbs@ 126. com

经　销：全国各地新华书店
印　刷：香河利华文化发展有限公司
本书如有破损、缺页、装订错误，请与本社联系调换

开　本：710mm×1000mm　　　　　1/16
字　数：170 千字　　　　　　　　印　张：15
版　次：2019 年 5 月第 1 版　　　　印　次：2019 年 5 月第 1 次印刷
书　号：ISBN 978-7-5168-2277-7

定　价：36. 80 元

前　言

世间万事万物，我们可以用两种观念去看待：一种是正面的、积极的；另一种是负面的、消极的。这就如同一枚钱币，有正、反两面。这一正一反，其实就是两种心态，如何选择完全取决于你自己内心的真实想法。你用什么样的心态看世界，就会表现出什么样的情绪，是有一定道理可循的。

现如今，社会生活节奏加快，竞争压力增大，无论是在生活还是工作中，每个人都想获得幸福、享受生活，幻想自己的每一天都可以开心快乐地度过。然而，这一切都与我们的心态、情绪有着重要的关系。不难发现，在现实生活中，人们总会被各种各样的问题所困扰。究竟如何解决这些问题？

其实，这一切并没有想象中那么复杂，解决方法就掌握在我们自己的手中——好心态。所谓好心态，就是指一个人心情愉快，不管对待什么事情都能够保持乐观、开朗的态度。也可以说，一个人对于生活或者某些事物本身有一种积极、乐观向上的态度。对于那些心态好的人，他们在面对任何事情时都自有一套方案，不会轻易被打倒，也不容易产生负面情绪。相反，他们会坚持"守得云开见月明""爱笑的人运气不会太差"等积极的思想，为人处世更为得体，也更容易获得成功。那么如何才能拥有好心态？

拥有一个好心态，能从内到外影响一个人，甚至决定一个人的命运。有什么样的心态就能产生什么样的行动。对于同一件事，不同心态的人去做，就会产生不同的结果。所以，好心态、好情绪能让人获得源源不断的能源，在工作和生活中积极向上、动力十足。而消极的心态、负面的情绪却会让人看什么都提不起精神，工作上力不从心，生活中消极应对。可见，好心态、好情绪对人的影响之大。

不能输在心态上，更不能被不良情绪牵着鼻子走。如今，很多人总把活得太累归咎于工作压力大、生活节奏快，却不懂得用积极的心态去解决问题。同样的处境，你用乐观的心态去对待，挫折就如同机遇；反之，用悲观的心态去对待，挫折就变成了无底的深渊。所以，作为一个现代人，除了要拥有良好的心态，更要善于控制自己的情绪。做情绪的主人，才能对生活充满热情，才能不断地超越自我，最终拥抱幸福。

本书从珍惜当下、境由心生、宽容待人、苦中作乐、自我修行等方面阐述好心态、好情绪对于一个人的影响，并用积极、励志的语言阐述观点，用真实、生动的案例验证观点，帮助读者更加清晰地认识到好心态、好情绪与坏心态、坏情绪，从而积极调整自身，最终成为一个宽容、大度、无畏的人。

目　录

第二章

境由心生，心态好，路更广

第三章

对他人好，就是对自己好

第四章

苦中作乐，努力奋斗养果实

第五章

优秀的人，不会输给情绪

第六章

高情商的人，在自信中微笑

第七章

生命如修行，不断修，不断行

第 一 章

珍惜当下，生活才会更好

 **适时地回忆，帮你认可自己**

人生不可能一帆风顺，遇到不如意时，有的人选择抱怨，把自己弄得焦头烂额，到头来也依旧于事无补。其实如果较之从前，我们不难发现，自己的生活已经得到了明显的改善，根本没有抱怨的必要。

每个人都有追求幸福生活的权利，也有追求财富、地位的权利，既然是追求，遇到不如意也是在所难免的。因为追求本身就是个探索的过程，探索时偶然陷入迷茫是很正常的，这也是必要的牺牲。如果一切都在预料之中，那么生活也就没有多大意义了。

所以，面对不如意的事情，千万不要抱怨，回忆过去的生活，我们或许就可以看到自己的进步，感谢生活的真诚，如此一来，抱怨之声自会在内心之中湮没。

一对双胞胎兄弟，在他们10岁那年，父母突然因车祸死亡，奶奶年事已高，便将兄弟二人送到了孤儿院。三十年以后，他们其中的一位成了富商，驰骋商海；另一个成了街边小贩，每天早出晚归卖着不起眼的小商品。

一次，多年未见的同学们邀请这对双胞胎兄弟去参加一个聚会，两人的模样相差无几，只是弟弟比哥哥显得苍老了一些，因为弟弟常年在外风吹日晒，他的皮肤也显得比哥哥黑了很多。但还是有人认出了这对生活状况迥异的兄弟是当年在班上学习成绩还不错的双胞胎兄弟。

吃饭的时候，大家都在谈论着这些年经历的奇闻逸事或分享生意经，慢慢地也就熟络起来。那位双胞胎中的小贩弟弟便开始诉说自己这些年来的诸多不幸，他说自己如何创业失败，如何被城管追赶，妻子因为看不起自己而离开自己，自己又是如何度过每个孤独的日日夜夜……他的话引起了大家的深切同情，他自己也开始不受控制地哭了起来，把内心的不满和抱怨统统倒了出来。一时间，聚会的氛围变得沉闷起来。

双胞胎哥哥有些受不了弟弟的这般懦弱和颓丧，他大声说道："你说够了吗？你一直在说你不幸，难道我就有多幸运吗？你别忘了，我们是一起被送进孤儿院的。你所遭受的一切不幸我曾经也遭受过，但是我没有怨恨过。反之，我因为接受到了正规教育而感到庆幸，我一直珍惜这来之不易的学习机会。相比于我们10岁成为孤儿的那一刻，12岁时那位资助我们学习的富商给我们的教育资金就是我奋斗下去的勇气。我一直都在乐观地生活着，努力着，直到一点点走向成功。"

双胞胎哥哥的话触动了弟弟的心，也打断了他对凄苦的回忆。直到这一刻他才明白，在他拥有幸福的时候并没有意识到，只因为自己一直沉浸在变成孤儿的痛苦之中无法自拔，才导致一生碌碌无为。

人的一生之中，苦大概要多于乐，遇到困苦的时候，就要告诉自己，虽然生活并没有预期的那么好，可也并不像想象中的那么糟糕。适当回忆一下过去的生活或经历，你会发现，现在的生活也有它的美好之处，这样一来，抱怨也就不在了。

一天夜里下起了大雨，很多出租车司机由于车子底盘低、视线差不敢出门，刘帅家里有一辆出租车，他心想："趁着这个机会拉客，肯定能比平时多赚好几倍的钱。"于是，他顶着夜色开着出租车出了门，1个小时的时间，他就拉到了八十多块钱，正高兴呢，开出没多远，就被马路上的一个临时遮起来的下水道坑颠了一下，车子陷到了坑里，他自己浑身也灌湿了。

刘帅一时间着了急，大晚上的哪儿有人来帮忙啊，自己总不能就在外面淋雨吧。不淋雨，车子也抬不起来，离开去避雨又怕车子被人拖走。刘帅的心情一下子一落千丈，心里抱怨着自己怎么这么倒霉。突然，对面的24小时超市的两个服务员打着伞走了出来，两个人齐心协力地帮刘帅把车推出了坑，停到路边，其中一个服务员说："大哥，去我们店里喝杯热水吧，要不然您这浑身的衣服都湿透了，肯定要感冒的。"刘帅也没客气，跟着服务员到便利店避雨。

喝过热水之后，刘帅掏出有些湿了的零钱，并挑出两张20块的递给店员："今天真是谢谢你们二位了，雨小了我也该走了，这钱你们留着买烟抽。"谁知那两位店员说什么都不肯收，刘帅无奈之下，说了声"谢谢"之后便离开了。但正是因为那两位便利店服务员的出现，刘帅的心情也突然变得很好。从那天开始，刘帅只要遇到不好的事情，就会想起那一天的不好和后来的转机，告诉自己积极的心态可以带给自己好运。

正是因为在恶劣的天气里遇到了帮助自己的便利店员工，刘帅的内心才产生了积极的心态，从一开始的沮丧走向了乐观。试问，还有什么比热切的赚钱心被大雨淋湿更让人难受的？当然没有，那么在以后的生活中，只要遇到糟糕的事，想想曾经的机遇，很快就会释然了。

生活总是有阳光也有阴雨，阳光照射进房门，你会笑；遇到阴雨天气也不要气馁，回忆一下阳光天气的美好，内心的阴郁也就会散去一半。心情不好时，外面是晴心也雨。这个时候，不妨回想一下阴雨天的烦闷，天气这么好，自己又有什么理由不开心呢？适时地回忆，你的心态也能变得更好，你也会更加认可自己。

▶ 换个视角，看一片天

西方有一句谚语说得很好："纵声欢唱的人会把灾祸和不幸吓走。"意思就是说，面对灾祸和不幸，人应该选择乐观，懂得换个角度看问题，生活自然会充满欢声笑语。然而，在现实生活中，人们往往看不到积极和光明的一面，却很容易看到生活的阴暗面。

"世间本无事，庸人自扰之。"烦恼本身是不会找上门的，只不过是我们自寻烦恼罢了，如果内心安宁、祥和，对万事万物都能用平常心来看待，就能将万物的扰人之处挡在门外。

仔细回想一下，困扰我们的事情、令我们烦恼的事情只不过是我们自己的念头，真正的外在因素少之又少。我们的心不静，总在想着这些事情让我们愁苦，那些事情让我们悲观，就会愈加的烦恼。

殊不知，这些烦恼并没有什么实质的意义，只不过让我们消极一生罢了。我们想要获得快乐，获得内心的平和，就要将这些源自心中的烦恼之事驱除出去。正视自己的心，到底是事情让自己烦恼，还是心的自扰？

有一个年轻人，他的内心满是烦恼，便到处寻找解脱的办法。有一天，他来到了一座山的脚下，看到绿草丛中有一个牧童正骑在牛背上，吹着牧笛，笛声很悠扬，还散发着一股悠然的气息。这个内心满是烦恼的年轻人走上前去，问牧童："你能告诉我如何才能让自己从烦恼中解脱出来吗？"

"解脱是吗？那你像我一样骑到牛背上，将笛子一吹，就什么烦恼也没有了。"牧童笑着说。年轻人试了试，可还是不行。

他又继续寻找，走呀走，来到一个条河边，只见河岸上绿柳成荫，有个老翁正坐在柳荫下，手中拿着一个鱼竿钓鱼，神情悠然自得。这个烦恼的年轻人便走到老翁面前，问道："请问，您能告诉我怎么做才能摆脱烦恼吗？"

老翁抬起头来看了看年轻人，慢声慢气地说："孩子，和我一起钓鱼吧，我保证你会感觉到快乐的。"年轻人试完之后，发现还是不行，便又开始寻找。

这次，他发现一个独自坐在石板上下棋的老翁，烦恼的年轻人就走过去向老翁询问解脱烦恼的办法。这个老翁没有让他过来下棋，只是说："孩子，我觉得你还是应该继续前行，前面有一座寺庙，寺庙中有一位高僧，他一定会告诉你解脱烦恼的办法的。"老人一边说话，还一边下着棋。

烦恼的年轻人告别老翁后就径直走到寺院，果然发现了一位高僧。他走上前去，深深地鞠了一躬，将自己的来意说了出来。高僧一边捻着佛珠，一边微笑着，说："这么说，你是来寻找解脱烦恼的办法？"年轻人急忙回答："是的，请问大师，能否为我指点迷津？"高僧笑着说："施主莫急，我先问你几个问题。""大师您请问。""有谁把你困住了吗？"高僧问道。"没有啊。"年轻人先是一惊，想了又想才说出口。"既然没有人将你困住，又何来解脱呢？"说完，高僧将眼睛闭上，不再说话。

烦恼的年轻人听完之后，先是一愣，然后顿悟："是啊，又没有人捆绑我，我为什么要解脱呢？原来是我自己在寻找烦恼，将自己困住了。"

是啊，人世间的事就是如此，往往决定你喜怒哀乐的并不是外界的大事小情，而是你的心态，将自己的心和外界的烦扰之事绑在一起，怎么能静下来呢？其实，只有你放平心态，端正心态，才能以局外人、旁观者的姿态去看待喜喜悲悲。如若不然，即使外界是一片开心、祥和、喜乐的景象，你也是不能体会到的。

就像那个年轻人一样，一味地通过身体去寻找幸福、快乐的方向，却不能用心去感受。即使他有一天找到了又怎样？那颗不平静的心依旧会将周围平静的环境恶化，那种幸福、快乐就会显得非常短暂而不可依靠。烦恼，由心生，也应由心收。换个视角看待问题、看待世界，你会发现，美好的东西还是很多的。

我们都曾朝着一个方向前进、奔跑，但是与此同时，我们也忽视了身边美丽的风景。很多时候，我们只看到了事物的表面，却忽略了背后的奥妙。在人生的不同阶段，每个人都可能执着于某种追求，即将放弃时，为什么不选择换个角度看问题？也许这个时候，你就能找出解决问题的方法了。

你会发现，生活其实充斥着很多删减过程，在一个个这样的过程中，不断认清生活的本质和自身需求，懂得换个角度看问题，才能找出生活的真谛，才能看到一片完整的天。

▶ 珍惜拥有的，才能展望未来的

常听人说，"活在当下"，因为现实生活中的人，有的活在过去，有的活在未来，活在当下的并不多。所谓活在当下，即珍惜现在所拥有的，只有珍惜拥有的，才有资格展望未来的幸福。

宋代著名的书法家米芾儿时曾经跟村里的一个私塾先生学书法，可学了三年却没什么长进，纸是费了一大堆，字却写得很平常，先生觉得他不是练字的材料，于是将他赶走。

一天，有个赶考的秀才路过米芾的家乡。米芾听人说这个秀才写得一手好字，于是登门求教。秀才说："要我教你可以，前提是你必须用我的纸才行，我的纸五两银子一张。"米芾听后，顿时目瞪口呆。

秀才见他如此这般惊愕，便说："不买我的纸就算了。"

米芾连忙说："我找钱去。"在米芾的苦苦哀求下，他母亲只好将自己唯一的首饰当了五两银子。秀才接过银子，将一张纸给米芾，而且嘱咐他要用心写字。

虽然秀才给他的只是一张普通的纸，可米芾这次却不敢轻易下笔了，他斟酌良久，又用手指在书桌上画着，认真研究着每个字的间架结构与笔锋，竟然入了迷。

半天过后，秀才找到米芾，问道："为什么不写啊？"

米芾一惊，将笔掉落在地上，不好意思地说道："纸太贵，怕废了纸。"

秀才笑道："你琢磨了这么久，写个字让我看看。"

米芾写了个"永"字，和字帖上的字似乎差不多，但又好像有哪里不同，很是漂亮。

秀才说："写字不光要动笔，更要动心，看来你已经懂得其中的窍门了。"

几天后，秀才要离开了，临走前送给米芾一个布包，而且叮嘱要在他离开后再打开。米芾目送秀才远去，打开布包，却发现是五两银子！米芾流下了感动的眼泪。从那之后，他一直将这五两银子放在书桌上，时刻铭记那位苦心教自己写字的秀才，珍惜每一张白纸，经过一番勤恳的练习，最终成为鼎鼎大名的书法家。

米芾一开始之所以练不好字，就是因为他认为白纸不值钱，这张练不好还可以换纸再练，如此反复，尽是做的无用功。而后来花五两银子买了一张白纸，自然珍惜，下笔之前勤学苦练，终于研究出了其中的诀窍，一下笔便是灵动飘逸。所以说，一味地追求写出一手好字，却不知道珍惜每一张纸，用心写好每一个字，那么即使写再多的字，费再多的纸也是无用的。

生活中也是如此，值得我们追求、让我们羡慕的东西虽然很多，可也正是如此，很多人忙于追求和得到，不满足于自己所拥有的东西，进而将其忽视，最终得不偿失。

美国的天堂动物园新来了个喂河马的饲养员。他刚来的时候，老饲养员就告诉他：不要喂河马太多的食物，不用担心它饿着，否则它可能长不大。新来的饲养员听到此话不以为然：这是什么谬论，为什么让动物长大反而不能喂它过多的食物呢？

因为心存怀疑，他并没有听老饲养员的话，开始大量地喂自己那只河马吃食物。当下次他再喂河马的时候，到处都是食物，他觉得自己这样做非常的仁慈和善意。

然而两个月后，他发现自己养的这只河马真的没长多少。而老饲养员那只不怎么喂的河马却长得飞快。他开始怀疑是不是两只河马的身体素质有差别。

老饲养员并未反驳他，而是跟他换着喂。没过多久，老饲养员喂养的那只河马又超过了他的河马，这一次他更加疑惑不解了。

此时，老饲养员终于告诉他这其中的秘密："你喂的那只河马太不缺食物了，所以不把食物当回事，也不好好吃食，肯定长不大。而我饲养的这只，总是处在食物缺乏的生活状态下，所以十分懂得珍惜，一点儿食物都不剩，最终有了健壮的身体。"

养河马的老饲养员从日常生活中发现了一个真理——不能喂动物们过多的食物。或说无论怎样，都要让它们费点劲儿才可以吃到食物，它们才能意识到食物的珍贵，才会去珍惜，吃光它们。生活中，很多我们并不需要的东西，就是因为够着困难、费劲，而且不一定可以得到，才觉得它珍惜、贵重。其实很多事都是如此，一旦容易了就相当于过剩，人们就会抛弃它。无论它是多还是少，它原有的价值都会被降低。

就像很多人一夜破产之后选择自杀一样，财富突然离自己那么远，自己想珍惜却已来不及，于是便放弃了生命。他们忘记了自己还有亲人、朋友，尤其是自己的家人，他们离自己那么近，才是最值得珍惜的。只有珍惜他们，才能获得更多的幸福，才能去展望未来。既然该走的都走了，那么留下来的一定是最该被珍惜的。

珍惜现在所拥有的，不要用挑剔的眼光去看待自己身边的人和事，你就会发现，其实你已经拥有很多了，已经很幸福了。

现实生活中，常常有人不懂得珍惜所拥有的，挑三拣四，因为琐事将自己和别人都搞得很苦恼，其实完全不必如此。懂得珍惜所拥有的，幸福和谐其实就在身边。细细品味身边的每个人，每个点点滴滴，轻松快乐地活着，幸福也就不期而至了。

▶ 淡泊平和，快乐常在

世间之人，有几人能不为外物所动，又有几人能不为外物所累？我们总会幻想着得到这个、得到那个，得到之后就会对其他的东西起欲望之心。就这样，一直不满足，不知足，渐渐地越来越疲惫，越来越乏味。

笑看人生风雨路，才能淡泊平和心自安。生活，本就是悲喜交集、忧乐相伴、苦甜相依，只有懂得取舍，才能轻松自在。只有看得开，才能开心快乐。

宋代的雪窦禅师和一个叫曾会的著名学士关系非常好。有一天，两个人在淮水边上相遇了。曾会便关心地问雪窦禅师："禅师，你要到哪里去啊？"

雪窦禅师回答道："云水僧四海为家，没有固定的去处，到西湖去可以，到华山去也可以。"

曾会便说："禅师，您如果想要去灵隐寺的话，我可以给你介绍寺院的方丈大师，他是我的莫逆之交，一定能够很好地招待你。"

雪窦禅师便拿着曾会的信函前往灵隐寺。到了寺内，他便持单住进了云水堂，但是并没有将曾会的信函交给寺庙的方丈。雪窦禅师和普通僧人一样过着寺院中清苦的生活，每天上殿、过堂、参禅，早起早睡，一转眼，三年过去了。

第四年春天，曾会因公事到了浙江，便顺便去看雪窦禅师。但是他问遍了寺庙中的僧人，谁也不清楚雪窦禅师是谁。曾会便到各个僧房去找，灵隐寺中大约有一千人，他挨个地认，终于找到了雪窦禅师。曾会问："你在这里住了这么久，为什么不去拜见一下方丈大师呢？是不是我给你的信函弄丢了？"

雪窦禅师说："我本来就是一个云水僧，可以说是一无所求，怎么可能去打扰别人呢？"说着，就将当年的那封信从怀中拿了出来，两人对视之后哈哈大笑起来。

人的一生，虽然有很多诱惑、利益，但是如若背负着这些东西来过自己的一生，如何能释怀？一切都应随缘，不强求之，亦不能过于放在心上。用平和的心态来对待钱权之事，心自然就能开阔。

不懂得满足的人，即使他得到自己想要的一切，仍然不会感到满足，总是在自己的心中生出很多贪念，折磨自己，内心自然没有愉快的感觉。一个人如果想要看到生活中的美，感受生命中的乐趣，就要放下贪恋，怀着一颗知足的心。要舍得放下，放下贪恋，懂得感恩，懂得发现美、感受美。

名利乃身外之物，悲苦乃身外之情，生不带来，死亦不带去，又何必太过心呢？过于看重名利，就会被名利所束缚；过于伤心、绝望，就容易被悲痛所干扰，内心难以平复，苦闷就会随之而来。佛家之人，道家之人，虽无外物，也无外情，但身心却很快乐，他们过得平和、淡定，每天生活得都很充实。

所以，别在乎你拥有多少，得到多少，心中的那分宁静是很难得的。当你能够心态平和地对外界进行施舍时，你的心已经达到了自由、轻松的境界，你会觉得呼吸顺畅得多。那种自由、轻松的感觉会让人上瘾，让人身心愉悦。

人生之路，难与易都必须要走，世间之事，冷暖自知。别喊累，因为不会有人替你分担；别说苦，因为没人替你尝；别说脆弱，因为没人替你坚强……因为心中无，人才能静。

生活难与不难，我们都必须走过，无论心情是否快乐，其实都掌握在自己的手中。拥有宽广的心胸，拥有淡泊平和的心态，不强求、不奢望，平平静静，快乐自然常在。

▶ 知足常乐，才能微笑生活

懂得知足的人，往往拥有一颗乐观、感恩的心，他们不畏艰难险阻，也不会去怨天尤人。正是因为拥有这种知足的心态，所以他们经常可以拥有意外的收获。有句俗话叫："只看我所有的，不看我没有的。"懂得知足的人，他们相信自己拥有的就是最好的，从不去奢望那些可望而不可即的东西。所以，知足才是幸福和快乐的源泉。

每个人都有欲望，都有自己想要得到的东西。因此，人们会通过工作或学习来获得物质上的满足和人生价值的实现。拥有欲望是正常的，也正是因为有欲望，人们才会努力奋斗。但是，如果你想拥有的东西并不在你的能力范围之内。换而言之，就是如果你的欲望太大，不仅不能带给你动力，反而会带给你烦恼和痛苦。

比如，有的人越来越不满意自己的工作，挑剔自己的老板、同事、工作环境等，到最后不仅工作上没有进步，还被烦恼填满了身心。他们一味地羡慕别人的工作环境和薪水，慢慢地开始轻视自己，工作中敷衍了事，因不能按时完成任务受到领导的批评和同事的责备，最终陷入苦闷的情绪之中，真是得不偿失。

田丽丽和王冰洋毕业于上海的同一所大学，上学期间两人的成绩相当，关系也不错。田丽丽是上海本地人，毕业之后就直接在上海找了份工作，住在家里，基本没什么花销。田丽丽的领导是她爸爸的好朋友，她也算是靠了点关系才进的这家公司。虽然如此，但是田丽丽对工作还是非常用心的。相处一段时间之后，同事们都非常肯定这个新来的年轻女孩的工作能力，所以没有人说闲话。

王冰洋是河南人，家庭条件比较差，而且在上海人生地不熟。凭着自己的能力，她进入一家外企公司做业务。她与田丽丽的关系不错，考虑到上海租房的价钱很高，便和田丽丽提议两人合租一个楼房。田丽丽正好不想再和父母一起住，便出来和王冰洋一起租房，两人信心十足，打算在上海好好闯一闯。

几个月后，田丽丽的公司扩大规模，在另一条街上开设了分公司。田丽丽由于业绩能力突出，被调到分公司做业务经理。这对于刚刚工作不到一年的田丽丽来说是一个非常大的挑战。她暗暗下定决心，一定要做出点成绩。在田丽丽的努力下，她的业绩越来越好。

可是王冰洋却不同了，由于她的性格内向，而且稍微有些自卑，她初来公司的时候公司看中的是她的在校成绩，但是工作了几个月后，公司发现她的业绩很差。她也一直很想努力，但是每次在面对客户时都缺乏勇气。于是，王冰洋时常会被老板叫到办公室训斥一顿，同事们也因此轻视她。每次下班回家，她看到田丽丽日渐自信的脸，就会更加自卑。

王冰洋总觉得自己的不进步是因为出身不好，也埋怨自己不如田丽丽那样活泼外向，她非常讨厌自己没出息的样子。王冰洋多希望自己就是田丽丽，家境优越、性格好、能力强，长相也不错，可以说是天之骄女。

就这样，慢慢地，王冰洋和田丽丽虽然同住一个屋檐下，却没什么话说了。每天下班之后，王冰洋都会一个人坐在沙发上发呆，田丽丽跟她说话，她也是爱搭不理。终于有一天，田丽丽下班回到家，发现王冰洋已经离开了，桌子上还放着一封信："丽丽，我已经辞职回老家了，也许，那里才是我该去的地方。"从那以后，田丽丽就和王冰洋失去联系了。

出身不是我们能决定的，性格也可以在后期进行培养，王冰洋错就错在自我贬低，缺乏信心，甚至到最后连改变自己的勇气都没有了。王冰洋总是与各个方面都比她强的田丽丽做比较，在对比的过程中，她开始抱怨自己拥有的东西太少，羡慕田丽丽如天之骄女一般。慢慢地，王冰洋陷入了无穷无尽的烦恼中。

其实，忧愁和快乐仅有一步之遥，关键看你用什么样的心态去面对。生活就如同在沙漠中看到一堆仙人掌，乐观的人大笑"我得救了"，随即抽出刀释放仙人掌身上的"甘霖"；而悲观的人只会说，"这里只有仙人掌，太倒霉了，我可能这辈子都走不出沙漠了"。

人之所以痛苦，很多时候就是因为追求了错误的东西。如果你只是一味地盯着那些在你能力范围以外的东西，却不懂得珍惜眼前的一切，烦恼就会接踵而至。况且，一个人的欲望过高，也会影响奋斗时的视线，无法看到自己的实际目标，欲望也就成了成功道路上的绊脚石。

知足者常乐，曾有人说："在你埋怨自己没有鞋子穿的时候，有多少人都没有了脚。"在拥有工作时，一味地抱怨这不好那不好，可是你是否想过：在这个竞争激烈的社会里，多少人每天还在为找工作而发愁；当我们置身于办公室里享受舒适的工作环境时，有多少人顶着烈日和严寒做着苦工，拿着不如我们丰厚的薪水。

因此，人要学会知足。知足就是一种境界，它可以让人们微笑着面对生活。在知足人的眼中，这个世界上没有什么是解决不了的，也没有迈不过去的坎儿，他们总会为自己寻找合适的台阶，让自己快乐地生活。

▶ 静心看世界，做人也坦然

当今社会，纷纷扰扰之事太多，想要保持内心的宁静，并不是什么容易的事情。如今社会，人心浮躁、人情淡薄。信用、理智、真诚都有一定程度的缺失。我们在这样的世界中，内心无法平复，经常会陷入空虚无助的境界中。

在这种境界下，我们应当深吸一口气，保证自己每天都能有一段处在宁静状态的时间。让自己有喘口气的时间并不奢侈，因为这段时间可以让你为自己的内心找一片净土。

当年，佛陀在菩提树下悟道之时，就感悟到了众生的执迷不悟，很多人都因为妄想而失去了佛性。佛陀在后来的说法传道的生涯中，讲的最多的就是希望人们能早些消除妄想，清净内心。佛经上讲八万四千种法门，无论是念佛还是拜佛，都有一个目的：修炼宁静，不胡思乱想。

苏东坡很喜欢禅，和佛印禅师有很好的交情，经常会在一起谈佛论禅，但是苏东坡输多胜少。

一日，苏东坡找到佛印禅师谈经论佛，茶烟袅袅中，二人对视而坐，相谈甚欢。

谈至酣处，苏东坡放下杯盏，问佛印禅师："现在我在你眼里像什么？"

佛印禅师回答道："在我眼里，你像一尊佛。"

苏东坡哈哈大笑："那你知道在我眼里你像什么吗？你就像一坨牛屎。"

佛印笑而不语，托起茶盏，浅抿了一口，神情淡然。

苏东坡很是得意，与佛印禅师道别后便打道回府。回到家中，他就将这件事告诉苏小妹，想听听苏小妹会怎么解释佛印的痴呆。

苏小妹听完之后，便道："兄长，这番你又输了。俗话说相由心生，你的相在他眼里是佛，那他的心境也就跟佛一样，而你把他当成肮脏污秽的东西，由此可见，你的心境不如他。"

苏东坡猛然醒悟过来，顿时垂头丧气，从此，不再提起此事。

就像现在社会上一些人那样，只想着如何获取利益，太过务实，心境也过于浮躁，为了某些所谓的人生终极目标而忽略了宝贵的精神财富。不妨从现在开始，从喧闹的尘世中抽身出来，用平和的眼光去看待自己和这个世界，收获一分宁静，净化自己的心灵。

有一位禅师常年在外云游，虽然饱受风霜，但是一路上能用佛法来普度众生，便也乐在其中。

一次，禅师在路上碰到了一个不喜欢他的人。这个人的举动非常奇怪，无论禅师走到哪儿，他都会尾随到哪儿。一连几天，那个人都想尽办法去辱骂禅师。可是，禅师就好像什么也没有听到一样，到了休息的时候，他就拿出干粮吃。吃完后，他便神态自若地打起坐来，全然不顾那人的谩骂。

连续几天对禅师的辱骂，已经让那人感到精疲力竭了，但是禅师似乎视他为空气，根本就没有用正眼瞧过他，他的心中很是纳闷，于是便问禅师："我骂了你好几天，为什么你都不生气啊？"

这个时候，禅师才睁开眼睛，反问那人："如果有人送你一件东西，你却坚持拒绝，那么这件东西会是谁的呢？"那个人回答道："当然还是送东西那个人的。"禅师笑着说："这就对了，我没有接受你的谩骂，那么，你就是在骂你自己。"

禅师只是用自己宁静的心来看待周围的一切，无论是名利还是辱骂，抑或是不公平的待遇，他都没有放在心上，他能够用一个局外人的眼光来审视这个世界，自然就会豁然开朗。

我们可以每天留出一些时间，让自己的心"静"下来，这样往往能让自己找到内心的真、善、美，找到自己的本性，找到人心灵深处的净土。心"静"，心灵就会"净"，而后者，能够让我们更加勇敢地面对现实的社会，克服内心的惶惑和不安，从而达到放松、释然、坦然的境界。

一位教徒对佛陀非常敬仰，有一天，他从远方来参拜佛陀，对佛陀恭敬参拜以后，他对佛陀说："敬爱的佛陀，我虽然不是佛门弟子，但一直非常仰慕您、敬仰您。我学习悟道已经很长时间了，心里总有一个谜团，希望可以得到您的开示。"

"众生平等，所有的道理都有相同之处，你可以如此好学，我感到很高兴，有问题就尽管问吧。"佛陀和蔼地说道。

"我的内心之中非常矛盾，这让我很为苦恼。"教徒向佛陀说出自己的全部疑惑。

佛陀听完，没有正面回答他的问题，而是指着不远处的一口井说："你去看看那一口井，你从里面看到了什么？"

教徒俯身向井里面看去，井水清晰地映出自己的脸。于是他便答道说："我在里面看到了自己。"

"那如果把污泥、煤灰放入水中，你还能看见自己吗？"佛陀问道。

"可能已经见不到了，水过于污浊，我怎么会看到自己的脸呢？"教徒回答。

"那如果再放一些红色、蓝色染料呢？"佛陀接着问道。

"那就更看不到了，水本来已经是污浊的了，再放入这些染料，就更难分辨了，又如何看清自己的脸呢？"教徒回答。

佛陀听完以后，又将教徒带到一个水池的旁边，指着水池说："你看这水池中的水，能够看到你的脸吗？"

教徒走了过去，水池虽然非常干净，而且是静止的，但是水池里有很多的青苔和浮游生物，一眼看不到池底，更不要说自己的脸了，于是他很坚定地对佛陀说："看不到。"

这时，佛陀开始回答这个教徒的问题："万事万物的道理都有相通之处，清澈的水就如同一面干净的镜子，可以很清楚地将你的面目映出来，不光是你自己，岸边很多的植物都会映照出来。这是因为水非常清澈，而且洁净。人的心也是这样的道理，当心中没有杂念、忘却烦恼的时候，你就可以清净自见。这个时候你所见的事物，你所分析的事物都是正确的，这就是'从心而观'的道理。但是，当你的心中满是欲念和烦恼，就如同落了污泥、煤灰的井水，无法让你照见本来的面目。就算表面上非常平静，但是存在烦恼的根源，就如同水池中有青苔和浮游生物一样，也无法真正地看清楚世界真实的一面。"

稍作停顿后，佛陀又说道："人心中若是只有一丝一点的烦恼，就如同是一把无名之火，如果再放一些纷杂的染料，就会更加混浊，就更难以见到自己本来的面目。"

佛陀的内心洁净清澈，所以他可以清楚地看到万物最真实的一面。对于普通人而言，一旦被俗世所烦扰，就无法保持内心的洁净，更不可能像佛陀一样心处尘世之外，做一个局外人。但是我们可以每天留出一些时间，暂时解脱一下我们的内心，让内心宁静下来，勇敢地面对现实，克服自己的忧虑烦恼，让内心达到放松、释然、坦然的恬淡境界。

▶ 珍惜生活中的每一天

如果把生活中的每一天都当成最后一天过，你还会如此懒散、无所事事吗？人这一生，说长也长，说短也短，因为你永远无法预知下一秒要发生的事情。

生活中的每一天都是非常宝贵的，都值得我们去好好珍惜。早一天意识到每一天的珍贵，就能早一天去珍惜；早一天去珍惜，你就能多拥有珍贵的一天。珍惜的过程中，光阴不会被浪费，生活也会变得更加充实，心智更加成熟，能力不断提高。这样一来，当你老去的时候，就不会后悔、遗憾，而是幸福、美满。

法国作家巴尔扎克是个非常珍惜时间的人，他将所有时间都花在写作上。他的创作时间表是：从午夜到中午工作，就是说，在圈椅里坐 12 个小时，努力修改和创作。然后从中午到下午四点校对校样，五点钟用餐，五点半就上床休息，而到午夜又起床工作。他把全部的精力用在了工作上，成为名副其实的"工作狂"。

巴尔扎克的写作速度非常快，每三天就要用掉将近一满瓶的墨水，而且得用掉十个笔头。《欧也妮·葛朗台》《高老头》等 90 多部中长篇小说家喻户晓，他是世界上著名的多产作家。而他能有这样的成就，和他珍惜时间、勤奋写作密不可分。

一对夫妇有三个孩子，大女儿 20 岁，二女儿 14 岁，小儿子 9 岁。一天，天使突然来到他们家中。全家人都非常开心，热情地款待了天使。

天使说："你们待我很好，我可以帮你们家实现一个愿望。"

全家人争先恐后地说了起来。天使皱了皱眉："这样吧，你们每个人都说说自己的愿望，我们先看看它们都是什么，到最后再决定帮谁实现。"

作为一家之主的爸爸先开口了："我想回到25岁，因为那个时候的我精力充沛，现在我已经四十多岁了，越发地感觉力不从心。"

随后是最爱唠叨的妈妈："我想回到18岁，那个时候的我最美、最水灵，是十里八乡的美人，现在呢？满脸皱纹、皮肤粗糙，唉。"

然后是一脸愁容的大女儿："我想回到一周岁以前，那个时候父母每天都会抱着我，可以享受他们足够的关爱，现在他们只知道逼我上班赚钱、让我相亲嫁人。"

接着是14岁的二女儿："我想变成16岁的模样，那样我就可以化妆、打耳洞、戴首饰了，现在他们每个人都有权管我，我什么都做不了。"

最后开口的是小儿子，小儿子虽然只有9岁，成绩却非常好，他听完父母和姐姐们的愿望之后，对天使说："我没什么愿望可说，我觉得现在的每一天都很好，有爱我的爸爸妈妈和两个照顾我的姐姐，老师讲课的内容也非常丰富，我很开心，也很珍惜。"

全家人听完小儿子的话都愣住了，谁都没想到一个9岁的孩子竟然这样无欲无求，而且他们也幡然醒悟，生活中的每一天对自己而言都是弥足珍贵的。如果刻意地去重新活一次，也许就会失去原本属于这一过程的很多有意义的人和事。

其实，每个人每一天都有值得珍惜的东西，何必在欲望的歧途中苦苦挣扎。与其每天自怨自艾、苦苦追求不切实际的幻想，不如活在当下，享受生活，追求切合实际的东西。

高同和孙悦是高中同学，高中毕业以后两人就选择了工作。几年后，两人结了婚。婚后，由于学历低，高同只能找一份苦差事，每天早出晚归。而孙悦由于有孕在身，脾气一改往日的温柔开朗，整天只是抱怨高同回家晚、冷落她，高同只觉得身心俱疲。两人一起过了半年之后，孙悦也已有了六个月的身孕，高同突然提出要打掉孩子、离婚。孙悦感到诧异，瞬间泪流满面，高同的心里也很不是滋味，但是这种争吵的日子他实在不想过了。看到妻子满脸的泪水，他烦躁异常，推门而出。

路上，他看到一个老爷爷正推着一个坐在轮椅上的老奶奶散步，一路上跟她说话，时不时还指着路边的花花草草，而老奶奶却没什么反应。老爷爷将老奶奶推到一个石凳前，从轮椅下端的背包里拿出水，一点点喂老奶奶喝。高同看到水大部分都流了下来，而老爷爷则耐心地给老奶奶擦着嘴角。

"奶奶生什么病了？"高同忍不住问道。老爷爷回答道："她在三年前的车祸中受了重创，变成了植物人。"高同很是惊愕："那您照顾老奶奶一定很辛苦吧，您的儿女呢？"老爷爷笑着摇了摇头："儿女都在外面忙事业，他们也曾想出钱把老伴送到养老院，可是我哪能那样做呢？虽然她不能说话，但是至少她还活着，我们还能彼此陪伴着。我相信我每天跟她说的话她都能听到，只是不能回答。"

听到老爷爷的话，高同顿时震惊了。孙悦怀孕了，每天还要做家务，很是辛苦，脾气有所改变也是正常，自己好不容易才和她走到今天，怎么能不懂得珍惜呢？我们不光活着，而且还好好地活着，马上就是三口之家了！高同越想越高兴，一路小跑回家，刚进门，他看到孙悦从厨房里走出来，手里端着他最爱吃的蔬菜焖面，他一把接过孙悦手中的盘子，给了她一个深深的吻："孙悦，我爱你。"

其实，当你懂得珍惜时，你就已经是全世界最富有的人了。被你珍惜的人也会更加珍惜你，你的每一天都是那么充实和完美，快乐、幸福相伴左右，爱人陪在身旁，孩子绕膝欢笑，还有什么比这更珍贵？

美满的人生绝不是完整的、璀璨夺目的宝石，它是由无数细微的珍珠串成的饰品。珍惜阳光，阳光就能带给你温暖；珍惜雨露，雨露就能带给你滋润；珍惜星空，星空就能带给你遐想；珍惜鲜花，鲜花就能带给你芬芳；珍惜小草，小草就能带给你生机……

人生中的每一天，如果你学会了珍惜，你就会发现自己的心田被幸福溢满，自己生活在亲情、爱情、友情编织的网中，感到安全而舒适，快乐而温馨。从现在开始，珍惜生命中的每一天，不让岁月蹉跎！

▶ 过去的辉煌已经"过去"

每个人都有过去，这个过去可能辉煌灿烂，也可能暗淡无光。对于过去辉煌而现在不尽如人意的人而言，他们往往会无视现在，大谈特谈过去的辉煌。

当一个人在他人面前喋喋不休地讲述自己过往的"辉煌"时，

刚开始大家会饶有兴趣地听你"炫耀"或者还会有那么一点儿敬仰，但是如果话讲得多了，便会招来他人的厌烦，自然对你的故事就失去了兴趣。人不能总是沉浸在过去，即使过去的你辉煌过，那么也只能代表你过去的成就，不能对未来说明什么。未来怎么样，要看你现在的状态，如果只知道沉浸在过去的辉煌中，不思进取，那么你的未来注定是一团糟。

怀古是我们中国人最擅长的。或许是因为那一百多年的历史让中国远远地落在了世界后头，从而在心里产生了不平衡，总可以听到人们说：汉朝多么强大，唐朝是何等繁荣、开放，宋朝是多么富庶、商业发达、科技领先，元朝的疆域是多么辽阔，明朝制度是多么先进……但是过去这些成就并未被中国的清朝延续下去，中国反而成了列强侵略的对象，远远落后于世界先进国家。

那时候的中国闭关自守，总以为自己是最强大的，周边的小国纷纷来给自己进贡，闭目塞听，在不知道世界有多大的情况下妄下论断，最终脱离世界的轨道，成为任人宰割的对象。其实世间的规律都是一样的，不论是对国家还是个人来讲，过去的辉煌只能代表过去，并不能给你的将来带来什么，我们中国一百多年的悲惨历史就是最好的佐证。在你沉浸在过往的辉煌中时，后来者正在马不停蹄地追赶你，甚至已经超越你。所以，我们应把过去当成是回忆和鞭策你前进的动力，而不能让它成为一块阻拦你前进的巨石。

对于我们来讲，过去不管是辉煌的还是暗淡的，那仅仅是过去，对未来不会有太大影响，我们不要只沉浸在从前，而要放眼未来，这样我们才能走得更远。

英国前首相劳合·乔治有个习惯——随手关上身后的门。一天，乔治和朋友正在院子中散步，两人每经过一扇门，乔治都会随手将门关上。朋友有些不解，问道："你有必要把这些门关上吗？"

"当然有必要啦！"乔治微笑着说，"我一生都在关身后的门。你知道，这很重要。你在关门的时候，也将身后的一切都排除在外了，无论它是美好的成就还是令人烦恼的失误。然后，你就可以又重新开始。"

朋友听了乔治的话后陷入沉思。乔治正是凭借这种精神才逐渐走向成功，最终登上英国首相之位。

人这一生，成功、失败都是常事。有的人因沉湎于过去的成功而裹足不前；有的人因悔恨过去的失败而怨声载道。他们的余生走不出过去的影子，因为没有进步，最终碌碌无为。事例中的乔治首相却能为常人之所不为，选择忘记过去，让时间淹没曾经的成功或失败，活在当下，重新开始，最终收获成功。

迪肯贝·穆托姆博是 NBA 篮球明星，曾效力于休斯敦火箭、丹佛掘金、费城 76 人、纽约尼克斯、亚特兰大老鹰等球队。他在中锋的位置上防守或进攻，取得了骄人的成绩。他曾是 NBA 出色的中锋之一，是 NBA 历史上第一位四次获得最佳防守队员的球员，一次入选 NBA 最佳阵容第二队，三次入选 NBA 最佳防守阵容第一队，三次入选 NBA 最佳防守阵容第二队。

在 2001 年他代表费城 76 人打总决赛时，每场平均得分 16.8、抢下 12.2 个篮板，给对手湖人队制造了不少的麻烦。在 2002 年，感恩节的前夕穆托姆博弄伤了手腕，动完手术整整休了近四个月，直到 2003 年的 3 月底才归队，他的比赛场数明显减少了。再加上他的哥哥又在刚果意外身亡，对他的身心打击很大，使得他的比赛更少了。对自己的低迷状态，穆托姆博显得有些茫然，但他仍然对自己的未来有信心，他说："就连太阳都有升起和落下的时候。"所以，他坚信自己的NBA生涯并没有结束，而总决赛梦想就在眼前。

穆托姆博没有因自己之前的辉煌成绩而心高气傲，而是着眼于未来自己的发展以及自己梦想的实现上。在2009年4月11日，对金州勇士，全场比赛他一共上场35分钟，7投3中、罚球5罚4中得到10分并抢下15个篮板，其中有5个前场篮板，此外还有4次封盖。42岁的穆托姆博也成了NBA历史上年龄最大的拿下两双的球员。此外，他的3289次盖帽在现役球员中排名第一，在NBA历史上排名第二，仅次于火箭另一名传奇中锋哈基姆·奥拉朱旺。每当送给对方大帽后穆托姆博摇摆食指的动作已经成为他的标志性行动。

我们这一生，只可能前行，不可能让时间凝固，更不可能让它逆转。过去的一切都已经是"过去式"，不管多么辉煌，对今天的我们都已经没有什么实际意义。现在是一个不断成为过去、不断迎接未来的时刻。因此，不断对生命构成新意义的只有未来，未来的一切可能性都存在于生命的运动中，只有面对未来才可能重塑辉煌。

每个人都希望自己一帆风顺、成功在握，然而成功需要以努力为基石，只有不断地努力，才能守护住成功。哪怕你过去很优秀，但是如果你不努力，你的优秀也很快会变成一文不值。过去的辉煌值得回忆，但却不能沉湎。它需要延续、呵护，更需要发展。

好坏都是想，不如往好处想

佛曰："境由心生。"一切都是想出来的。你想好，就好；想坏，就坏。举个例子来说，树上掉下来一个苹果，砸到 A 的头上，A 说："真倒霉！"砸到 B 的头上，B 说："哇，捡到了苹果。"砸到 C 头上："怎么是苹果啊，我还以为是一沓人民币。"砸到牛顿头上，牛顿便发现了万有引力……

面对同一件事，不同的人会有不同的想法，悲观的人往往习惯于往悲观的方面去想，乐观人却通常往乐观的方面去想。其实，往坏处想不如往好处想。

张廷是一名水产专业的大四学生，即将面临毕业，看到学校里来自全国各地的招聘单位，张廷的内心竟然莫名焦虑，她觉得自己这四年来成绩不突出，也不是学生会成员，相貌平平，大概去哪个招聘会场都会被当成路人。连续几天，虽然每场招聘会她都去，但是却从未投递过一份简历，也没有和一家招聘公司交谈过，就这样一拖再拖，直到大学毕业后六个月，张廷还是没能找到工作，她开始管父母要钱。可是六个月后，她仍旧没有勇气迈出求职的第一步，就这样一拖再拖，竟然拖到了三十岁，成了名副其实的"啃老族"。

试想，如果张廷能往好处想，也许就会把杞人忧天的时间用来丰富自己的阅历、了解各个招聘公司的近况，以及做一份详细而漂亮的简历，这些都是初入社会者应该为促进面试成功所做的准备。

有个国王最近一段时间总做梦。一天，他梦到了一朵奇大无比的花走了起来，一直走到自己王后的寝宫之中。那一年，国王的王后刚刚过世，醒来之后，国王就觉得心神不宁，总感觉有妖孽作怪，于是请来一位占卜大臣为自己解梦。

占卜大臣心里明知道国王是在为王后的去世而心神不宁，因为王后是因为国王的冷落才去世的，国王心中有愧，日思夜想便做了此梦。但是考虑到国家的建设和未来，他不忍让国王消极忧虑，因此，他灵机一动，面露喜色，当即跪倒在地。国王被占卜师的举动吓了一跳，欲问明缘由，只见占卜师抬起头来，拱手祝贺道："恭喜陛下，贺喜陛下，此梦是个好兆头。"国王一听，紧皱的眉头舒展开来："此话怎讲？"占卜师继续说道："陛下，此梦的寓意是陛下您不久就会娶到一个如花儿般美丽的王后。"国王一听，喜上眉梢，便不再纠结自己所做的梦。

一个月后，国王便衣出行，在民间偶遇一位美貌女子，一见倾心，联想起自己的梦境，便破例将其娶进宫内，从此幸福地生活，那位占卜师也因此得到了封赏。

其实，国王娶美貌的女子何其容易。试想，如果占卜师告诉国王梦境的寓意是死去的王后的哀怨，国王是不是会寝食难安？同样一个梦境，占卜师不同的占卜结果，对国王产生的影响则截然不同。幸好占卜师足够聪明，不仅帮国王解开了心头的结，还为自己赢得了加官晋爵的机会。

虽然我们没有必要相信梦的真假，但是凡事都往好处想，的确能激发一个人乐观的生活态度，哪怕身处困境也不会轻易放弃。

1. 凡事都往好处想，烦恼也会远离你

美国教育家卡耐基说："如果我们有着快乐的思想，我们就会快乐；如果我们有着凄惨的思想，我们就会凄惨；如果我们有害怕的思想，我们就会害怕；如果我们有不健康的思想，我们就会生病。"由此我们不难看出，凡事经常往好处想，即使好处不会找上你，坏事也会远离你。

2. 凡事都往好处想，心底充满正能量

如果一个人总和自己说："等我……我就会快乐。"那么，这个人肯定是不快乐的，至少说明他现在是不快乐的。因为即使他真的等到梦想实现的那一天，他的内心也会产生更多的不快乐。在现实生活中你不难发现，自己实现了一个苦等多年的梦想之后，新的负担和烦恼就会产生，如此往复，人生只会蔓延无边的苦恼。你要做的就是从现在开始用积极的心态去看待这个世界，你就会发现，自己充满了自信、阳光、开朗，这个世界仿佛待自己与众不同，心底的正能量也会不断攀升。

3. 凡事都往好处想，更容易取得成功

悲观消极是成功道路上的绊脚石，这类人往往遇到一丁点儿困难都会将其放大很多倍，做起事来畏首畏尾，终致人生的失败。积极乐观的人即使遇到困难，也会勇于面对和挑战，从而走向成功。

▶ 心胸宽阔，路才能更宽阔

一个人，有多大的胸怀，就代表他有多大的格局，也代表他有多大的气度和风度，意味着未来他有多大的潜力。

胸怀，就是要拥有"用天下之材，尽天下之利"的气度，还应当拥有对异己、陌生的包容。只有如此，才能形成从广大处觅人生的态度，将生命的境界做大，将事业做大。

美醇特创始人王中永在谈到胸怀的话题时，他说："做人就得具有宽容大度的胸怀。要有一种看透一切的胸怀，做到豁达大度，把一切都看作'没什么'，才能在慌乱之时从容自如，忧愁时增添几许快乐，艰难时顽强拼搏，得意时言行如常，胜利时不醉不昏。人的面部表情与人的内心体验是一致的。心情舒畅、精神振奋是宽容大度的体现。"

心胸狭隘的人，通常只能想到自己，眼里也只有自己，计较、谋划太多，展露出来的真实太少。或许一开始还能占些便宜，但久而久之，大家都知道了他的为人，自然会疏远他。圈子窄了，名声臭了，人生之路自然也会越走越窄。

西晋名士王戎的家中种了几棵李子树，品种优良，结出的李子香甜可口、个儿大皮薄，大家都爱买他们家的李子。

很多人也希望自己家能有棵像王戎家一样的李子树，于是将从王戎家买来的李子核种到地里，可令人意想不到的是，种下去的核从未发过芽。

时间久了，细心的人发现，买来的李子核上有个非常小的洞，而且这个小洞竟然贯穿了整个核。此人又观察其他李子，结果发现其他的李子核上也有同样的小洞。

原来，王戎担心自家李子被人买去后用李子核种出相同的李子树，失去自己的专卖优势。于是，他就用细钉在果实上打孔贯通核，使得核不再具有发芽的能力。

后来，朝廷下诏广纳贤士，王戎也被举荐入朝，可就在王戎即将步入朝堂之时，有人将他在李子上钻洞的事宣扬出去，最后竟然传到了皇上的耳朵里。皇上心想："此人心胸如此狭隘，如果让他当官，简直就是国家的悲哀，民众的不幸。"就这样，王戎平步青云的道路中断了。

不计较一时的得失，才能有更长远的人际。心小，小事就变大了；心大，很多大事也就变小了。为人处世，切忌较真，多一分宽容之心，少一分争斗之力，自然更有余力去做自己的事，也会有更多的人来支持你所做的事。

一对结婚三十多年的夫妇邀请亲朋好友来做客，大家都非常羡慕他们三十年如一日的相敬如宾、相亲相爱，尤其是在场的女士，纷纷向女主人讨教婚姻幸福的秘诀。

女主人说："从结婚那天开始，我就跟我丈夫提出了一个要求，如果你冒犯我三次，我们就离婚。"在场的女士颇为不解，三十年，冒犯三百次都是正常，何况是三次，难道男主人真的这么绅士、这么疼爱老婆？一次都不肯冒犯她？

这时，男主人从座位上站起来，搂着女人的肩膀对在场的人说："她的确是个好妻子，每次我冒犯她之后，她都没提过这三次，后来我们闲聊的时候我问过她：'我冒犯你是不是都有三百次了？为什么你从来没跟我闹过离婚？'她的回答是：'每次都是你先跟我道歉，我就将这一次的冒犯抵消了，抵消到最后也就成了零，我还有什么好闹的？'从那以后，我们吵架的次数越来越少，我也越来越爱她。"

中国有句古话："清官难断家务事。"家务，无非就是些鸡毛蒜皮的小事，很多时候，你让我一分，我让你一分，彼此也就妥协了，最终和好如初。如果事事都要较真，那日子真的是很难过下去，十有八九的夫妻都要离婚。聪明的夫妻从不在婚姻中计较微不足道的小事的对错，如此才会一直保持和谐的关系。心态放宽一些，生活之路也会更加宽广。

然而，宽容并非与生俱来，它是人们随着知识的不断丰富、智慧不断增加、修养不断提高才逐渐感悟出的人生道理。意思就是说，它和人的思想品性、社会阅历、人生抱负、文化修养等因素有着密切的关系。

宽容的人可以理解别人的难处，多看别人的长处，原谅别人的错处。有位哲人曾说过："一个人的价值和力量，不是在他的财富、地位或外在关系，而是在他本身之内，在他的品格中。"学会宽容，让生活多一分和谐和幸福，少一分烦恼和仇恨吧。

▶ 快乐不在事上，而在心里

每个人都应该有乐观的精神，其实很多时候，并不是因为你遇到什么事而影响了你的快乐，而是因为你遇到这件事后内心的感受发生了变化。那么，如何才能在遇事时保持良好的心态呢？

一天，大明寺的乐僧和尚去化缘，刚走出寺院没多远，就踩到了小孩的脏物，遇到这么倒霉的事，他居然哈哈大笑起来。同行的其他僧人不明白他为什么笑，他却说："我今天走好运，化缘也会顺利的，因为刚出门就踩到了软黄金啊！"他边说，边笑着走到附近的麦田，将脚底的脏物抖搂到麦田里，边抖边嘟囔："这可真是软黄金啊！"

还有一次，他在打扫庭院的时候，一只小鸟在他的头顶拉了泡鸟粪，其他僧人纷纷轰撵树上的小鸟，他却笑着说："天底下怎么会有这么巧的事？刚好就落在了我的头顶，看来我的光头非同一般，要好好开发和利用。"其他和尚都被他的话逗得哈哈大笑。

他又仰头对小鸟说："以后别开这样的玩笑了，要在没外人的时候这么做，我就腾云驾雾拉到你头上。"

乐僧和尚正是因为拥有豁达的心态，才能在遇到那些在别人眼中让人恼火的事情时坦然视之，不为外事所扰。

"君子坦荡荡，小人长戚戚。"智慧和快乐同行，而不愿意和烦恼结伴。胸怀磊落坦荡，烦恼则如阴霾遇明媚，无处藏身。心胸越是宽广，所拥有的快乐就越多。

一天，一对师徒化缘回来的路上经过一条小河，他们蹚水过去；随后又经过一条大河，他们乘船渡河；随后又攀上一座大山，他们正要攀山而过时，小和尚不乐意了，他已经筋疲力尽，便请求师父和他一起坐下来歇歇。

老和尚见徒儿确实累得气喘吁吁，只好同意了，师徒二人坐在山巅的一块岩石上攀谈起来。小和尚说："师父，咱们僧人皈依佛门，四大皆空，那么，我们在这世上走一遭究竟为了什么？还有什么是属于我们的？"老和尚不假思索地回答道："为了佛和自己的心啊。"见徒儿歪着小脑袋似乎不明白，他继续说道，"属于我们的太多太多了，自由的身心、超脱的意念，蓝天白云、青山绿水。"老和尚见小和尚仍旧是一脸的困惑，他又补充道，"当一个人四大皆空、什么都没有时，那么这世上的一切便都属于他了。见山是山、见水是水，云游四方，还有什么是我们不能企及的呢？"小和尚又问："那尘世间的人们不也拥有这些东西吗？""不，"老和尚说，"沉迷于色的人心中只有美色；沉迷于权的人心中只有权力；沉迷于物的人心中只有钱财……他们往往在沉迷于某项事物时失去了这项事物之外的所有事物。"这时，夕阳西下，余晖中的红霞煞是耀眼，山脚下，炊烟袅袅，绿树成荫，小河里的渔舟正往回赶，河水静得如同一面镜，唯有渔舟行过的地方泛起点点波纹。

小和尚望着这夕阳下的静谧与安逸，终于会心一笑。

懂得快乐的人，才是得到真正快乐的人。阳光照耀着每个人的脸，但却不是每个人都可以感受到阳光的抚慰，并尽情地享受它带来的快乐。这是由于执着占据着人们的心灵，他们甚至忽略了阳光的存在，当然不会有心情去感受阳光的抚慰。

当你站在办公大楼扫视街角的绿荫时，是觉得它们美，还是觉得它们多余？当你看到森林时，是首先想到接近自然，享受它带给人们的快乐与美好，还是直接看到了它价值连城的物资？当你紧皱眉头数着手里的大把钞票时，是否想过快乐是什么？是否真的觉得数钱的自己就是快乐的？大概没有，那个时候的你眼里、心里早就被金钱占据，即便笑也不是因为快乐，而是贪婪和物欲被满足之后的机械性舒展。快乐不在事上，而在心里，你用什么样的心态看世界，世界就会还给你一颗什么样的心。

很多时候，人们的眼中只看到了浮华，却看不到在它下面的暗流涌动。有的人表面上很幸福，其实却有着难掩的苦衷；有的人表面上是在笑，内心却充满了无声的泪。喜欢炫耀的人，内心大都是空虚的。只有身处高位的人才能体会到高处不胜寒的寂寥。人啊，要学会放松自己，实在不该活得那么累，因为你的幸福与快乐只有你自己的心才知道。

▶ 没有鞋，还有可以走路的脚

网上有这样一段视频，一个从事搬水泥工作的残疾人非常乐观，和他比起来，普通的健康人应该是幸福多了吧？可现实生活中，却有那么多的健康人每天悲观消极。做人，应该学会感恩知足，脚踏实地做好眼前事，切勿好高骛远。

其实，当你每天都有进步时，这就已经是一种成功了。你只有长期坚持，才能变成一个优秀的人。积极乐观地生活，遇到困难的时候找到解决的方法，就能绝处逢生。

一位伟人曾说："当你在抱怨自己不如意的时候，请记住这句话，还有很多人连脚都没有，你还能用脚走路，这是多么值得庆幸的事。"

两个人一起去沙漠探险，由于路途遥远，还没走出沙漠，鞋子就磨破了，不能穿了。其中一个人见鞋子不能穿了，立马沮丧起来，滚烫的沙子让他感觉脚掌如同踩在火炭上一般，没走几步，已是近乎崩溃。而另一个人却高兴地说："兄弟，别沮丧，我们的干粮和水都能撑两三天，等到干粮吃完水喝完的时候，我们肯定能走出去。"谁知和他同行的那人却说："那又怎样？我们的鞋没了，我的脚被烫得难受，谁知道今天走完路明天还走不走得了？""鞋没了，我们还有脚啊，我们应该感谢上帝没有剥夺我们行走的能力，所以我们一定可以走出沙漠！"

是啊，鞋没了还可以用脚走路，谁规定一定要穿着鞋走完行程？在困难来临的时候，聪明人会把它当作成功的垫脚石，而另外一些人却把它看作是成功的阻碍，觉得没有鞋就不能走路，却忘记了真正起到"走"的作用的是脚。聪明人最后战胜困难并踩着它走向成功，而另外一些人却因为永远无法走出失落或恐惧的心理而与成功擦肩而过。

当我们拥有良好的心态，将困难当成生活中的垫脚石，踩着它向上攀登时，过不了多久就会发现，成功就在不远的地方。因此，懂得将困难当作垫脚石，不管前路多么艰难，最终也能转危为安。

著名的纽约毛纺织品批发商杰姆斯曾经雇用了一个少年杂役——乔瑟夫。他负责每天凌晨三点的时候到达弗兰克林街办事处，七点三十分之前打扫完所有办公室，办公员办公的时候，他要为一位患肠胃病的董事不断送热水。当乔瑟夫的周薪增加到 5 美元的时候，他开始申请去推销毛纺织品，得到准许后，他成了一名推销员。

1888 年，大风雪袭击纽约。经过这场灾难后，多数推销员在将近中午的时候才赶到办事处，之后聚拢在一起聊起了这个突发状况。

下午，几乎冻僵了的乔瑟夫如同醉汉一般摇摇晃晃地走进了办公室，他迟到了。老员工讽刺道："这是董事先生来上班了。""但是我已经将今天应该做的工作做完了。"乔瑟夫回答道，"遇到这样的大雪天气，我很开心，因为在这样的天气里我没有竞争对手。我给客人们看了更多样本，并且得到了 43 张订单。"很快，乔瑟夫便转为正式推销员，薪水翻倍，后来，他成为当时世界上最大的不动产商人。

在那一天，大家都遇到了恶劣的天气，但乔瑟夫却并没有因此躲避或者享乐，而是将其当作成功的契机。也正是因为他这种敢于面对困难的精神，愿意做别人不愿意去做的事，才使得他脱颖而出。

一个人如果善于在逆境中打拼，把所遇到的困难转化成通往事业成功的垫脚石，并坚持将这些困难克服掉，然后站上去，那么哪怕坠入深渊，也可以凭借这些垫脚石安全脱险。如果我们能以肯定、沉着稳重的态度坦然面对困境，那么援助之手往往就潜藏在困境之中。一切都取决于我们自己，学会看淡得失，勇往直前，不断建立信心、希望，就可以帮助我们从生命的枯井中找到逃生的工具。

▶ 无休止地抱怨只会拖后腿

对于生活中那些喜欢抱怨的人，人们多数时候会选择避而远之；而对于在工作中表现消极、爱抱怨的人，多数公司都不会让他存留，更别提给他奖励、晋升的机会。很多失业者都有一个共同特点——他们在生活中不停地抱怨。失业的痛苦一直困扰在他们心中，让他们觉得自己似乎被命运挤到了墙角，事实上是他们自己把自己逼到了命运的墙角，他们只有通过抱怨来平衡自己的心理。然而，这种抱怨行为刚好说明他们遭遇这样的处境是必然的。

刚进入一家新公司时，人生地不熟，很可能会在新公司受到不公平的待遇，比如实习期打扫卫生、处理公司元老的文件等。所以，我们经常会因此产生各种负面情绪，甚至会采取一些消极对抗的行为，这都是人之常情。但是，如果我们从另外一个角度出发，用积极阳光的态度去看待这种不公平，就会将它看作是对我们的考验。

杨爽是某电器公司的业务员，公司的客户基本都是固定的，每次出差，他都是按照老板的安排去某公司谈生意。刚开始到公司的时候，他也打算给老板开发一些新客户，一直以来他的业绩也还不错，但却一直没能得到提升，导致他心生抱怨，不愿意再多花费心思。杨爽心里有点不舒服，认为老板有眼不识金镶玉。

一天，他在和同事聚餐的时候借着酒劲发起了牢骚："我来咱们公司以后一直勤勤恳恳、费心尽力，业绩也不错，为公司立下了汗马功劳，可是为什么就没有人重视我？也不给我升职加薪呢？"没过多久，杨爽的这些话就传到了老板的耳朵里，原本老板正打算给他涨工资，但是听到了他的抱怨之后心里很不舒服，也就放弃了这个打算，而且觉得杨爽这个人并没有多大的能力，客户本就是自己当年创建公司的时候开发出来的，而杨爽不过是坐着火车或者飞机去指定的公司，即便他负气离职，自己也不会损失太多，大不了再换个业务员。

很多时候，抱怨其实并不能改变现状，只有通过努力工作才能改善自己当前的处境。那些经常抱怨的人，终其一生，也不能得到真正勇敢、坚毅的性格，自然也就无法取得任何成就。经常抱怨的人很少会积极地想办法解决问题，也很难觉得主动独立完成工作是自己的责任，他们将诉苦、抱怨视为理所当然。殊不知这样抱怨毫无意义，不过是暂时的发泄，结果什么也不会得到，甚至还会失去更多东西。

那么，当你的境遇不太尽如人意时，该怎么做才能避免抱怨呢？

1. 微笑着面对生活

泰国商人施利华，是商界上拥有亿万资产的风云人物。1997 年的一次金融危机使他破产了，面对失败，他只说了一句："好哇！又可以从头再来了！"他从容地走进街头小贩的行列叫卖三明治。一年后，他东山再起。

其实，当我们的人生道路上出现坎坷，不太尽如人意时，如果懂得微笑面对生活，生活也会用微笑面对我们，并逐渐给予我们温暖与希望。当一个人以积极的心态去面对挫折时，挫折就会畏惧一分，而此时，你战胜它的概率也会更高一分。

2. 问问自己值不值得抱怨

一个将自己的头脑装满"过去式"的人是无法容纳未来的。聪明的做法是停止计较过去，停止对自己所遭遇的一时的不公正耿耿于怀。一旦抱怨的情绪束缚了我们，它就会像幽灵一样到处游荡，扰人不安。如果想要有所作为，想让自己变得优秀，不妨在遇到不公或是心情郁闷的时候多问一下自己："我抱怨什么？有什么值得抱怨的？"如果不值得就不要去抱怨，安心做自己的事就可以了。职场上最忌讳的就是当着自己同事的面说自己的领导待自己不公平，因为这样于己而言是有百害而无一利的。

3. 即便另寻他主，也不能抱怨

如果你的确付出得比别人多，也做得很出色，但是仍然没能得到领导的认可，不能升职加薪，那么就只能另寻他主。可即便如此也不能抱怨，在一个地方，和一方人，而不要离开一个地方，伤一处人。

所以，一旦我们产生习惯性抱怨，那么，拖延心理就会随即产生。停止抱怨，才能改正拖延的习惯，提高做事效率。其实，社会中，每个人都应该各司其职，无论是学习、工作还是做其他事，不仅是实现人生价值的方式，也是我们幸福的源泉。既然如此，还有什么可抱怨的呢？

▶ 虚荣心太强的人不快乐

生活中，大部分人都存在或多或少的虚荣心理，虚荣的产生通常来自比较。其实，善于比较并不是什么坏事，因为在比较的过程中，人们往往可以发现自己的不足之处，看到自己身上的缺点，进而不断完善自己，提升自我。但凡事都有个度，否则物极必反。

《意林》上收录了这样一个小故事：南美洲原始森林里有一种鸟，这种鸟全身翠绿，而且带有一圈圈灰色纹理，如同一圈圈波浪，因此得名翠波鸟。虽然这种鸟非常美丽，但它每天都在忙着筑巢，所以显得无精打采，一副很疲惫的样子。翠波鸟巢穴唯一的特点就是很大，一个个架在树上，场面十分壮观。可很多人都觉得疑惑，波翠鸟的体长不过6厘米，筑的巢穴却比自己的身体大几倍，甚至是十几倍，有什么用吗？

莱奥托是一位动物爱好者，他对这一现象也非常好奇，为了找寻出其中的原因，他制作了一个巨大的笼子，捉来一只翠波鸟观察它筑巢的过程。但是让他没想到的是，这只翠波鸟只建了一个可以容下自己身体大小的巢穴后就停工了。这让莱奥托觉得大为惊诧，他又捉来一只翠波鸟放到笼子内，想看看它的筑巢情况。可这一次情况却发生了逆转，自从这只鸟被放到笼子里后，没过多久就开始大力建巢，而原本停止筑巢的那只也开始疯狂扩建自己的巢穴，两个巢穴越建越大。几天过后，两只翠波鸟已经疲惫不堪，筑巢速度也变慢了。又过了几天，最先被送进来的那只竟然死了。这只鸟死后，另外一只立刻停止筑巢，很多人对这一现象百思不得其解。

莱奥托又捉来一只翠波鸟放到笼子内，情况比上一次还要糟。新进来的鸟开始大力建巢，原先那只也重新开始疯狂扩建巢穴，结果依旧，当其中一只死去之后，另一只才停止筑巢。单只鸟存在，只建一个够自己容身的巢穴，两只鸟存在，就会无休止地扩建。经过思考之后，莱奥托突然明白过来，原来让翠波鸟忙碌不停的原因竟然是攀比。这种鸟攀比心理太强，无法容忍别人的巢穴比自己的大，一旦发现别的鸟筑的巢比自己的大，它就会忙碌不停地扩建巢穴……实验中的两只鸟其实都是累死的。

其实，人生也是一样，要想真正获得快乐，活得轻松自在，就要懂得控制自己的虚荣心，不能总是拿别人作为参照。很多时候，自己满意就好了。不管别人怎么看，都不该贪慕虚荣，如果因为虚荣而一味地攀比，就会在某些时候受自身影响而在某些方面难以跟上别人的步伐，最终自食恶果。

Angel 是某公司的模特，由于形象好、气质佳，在公司里很受器重，被很多知名公司约广告。一天，Angel 在农村的妈妈过来探望她，还给她带了湖南特产——芋头。

正当 Angel 和妈妈在公司楼下的餐厅里吃饭的时候，Angel 在公司里的竞争对手 Abby 和公司的几个其他同事一起走了过来，看到 Angel 正在和一个土里土气、满脸皱纹的矮胖妇女吃饭，就调侃道："哟！Angel，你平时不是最为清高吗？连一般的大老板都请不动你吃顿饭，怎么今天和……对了，还没问，这是谁啊？"还没等 Angel

开口，Angel 的母亲便面露难色，觉得自己给女儿丢了面子，于是随口答道："我是个清洁工，姑娘，你别误会，我……"Angel 母亲的话还没说完，Abby 就嘲讽道："Angel，你这又是唱哪一出啊？请清洁工吃饭，充好人献爱心呢，是吧？"这一次 Angel 实在忍无可忍，她从座位上站起身，表情严肃地对 Abby 说："请你放尊重点，这位是我母亲，我母亲第一次来北京，第一次来大城市，的确是没什么见识，但是即便如此，她也是我的母亲，我不允许任何人侮辱她。不管你我之间有什么竞争，都不该扯到我母亲的身上。刚才你话语里的不尊重我可以当作你不知情，但是如果你再继续出言不逊，可别怪我当面给你难堪。"

听到 Angel 的话，Abby 的脸青一阵白一阵，气呼呼地离开了，但同时心里也在打鼓，自己离家三年多了，每次父母想来探望都被她拒绝，原因无他，因为自己和同事说自己的父母是国企单位的领导，事实上他们只是种地的农民。因为虚荣心，她从未带父母来过大城市。而今天 Angel 的话既让她愤怒，也让她羞愧。

其实，在大城市工作的很多人都有这样的心理，因为虚荣心作祟，不敢承认自己的家境不好，甚至不敢当众承认自己不体面的父母。如果只是为了满足自己的虚荣心而撒谎，让别人觉得自己并不差，并且为了圆这个谎去撒更多的谎，活着就太累了。那么，该如何摆脱虚荣心的奴役呢？

1. 不图虚名，有自知之明

应该有自己的目标、理想、主见，追求内心真实的美，不贪图虚名，应该做到有自知之明，不仅要看到自身优势，还应认识到自身的不足。做到活出自我、活出真实、活着不累。

2. 正确面对舆论

虚荣往往和自尊心相联系，自尊和周围的舆论息息相关，别人的议论、别人的优秀条件，都不是影响自己进步的原因。只有自强自信，虚荣心才无法危害自己。

▶ 宽容处事，忍一时风平浪静

中国有句话："忍一时风平浪静，退一步海阔天空。"当然，这并非懦弱，也不是让人一味地忍让。所谓的"忍"只是宽容，处事有度量，不苛求，懂得谅解，拥有克制、包容的胸怀。

做个有肚量、不苛求的人，拥有谅解、克制、包容的胸怀，"记人之长，忘人之短"，说的就是宽容。可宽容并非与生俱来，它是随着人们知识、阅历的丰富和智慧的积累，修养的提高感悟出的人生道理。宽容的人可以理解人之难，补人之短，扬人之长，宽以待人，做个相逢一笑泯恩仇的人。

春秋时期有个鲁国人叫闵子骞，名损。他的母亲在其年幼的时候就去世了，父亲为了有人照顾他，又娶了一位后母。

然而，后母并没有真心对闵子骞好，尤其是她自己有了两个孩子之后，把全部的关心和爱都倾注在自己的亲生儿子身上。正值冬季，后母用棉花给两个亲生儿子缝制了厚厚的棉衣，却用芦花给闵子骞缝制棉衣。芦花做成的棉衣看起来非常厚实，但是一点儿也不御寒。一日，北风呼啸，父亲让闵子骞陪自己外出办事，并让他一起驾马车。马车走起来以后，寒风吹得闵子骞瑟瑟发抖。

父亲见闵子骞身穿这样厚的棉衣，还在发抖，非常费解。于是就用手检查他身上的棉衣，发现有些异样，于是将棉衣撕了个口子，露出了里面的芦花。回家之后，父亲将闵子骞的两个弟弟叫到身边，看到他们穿的是用棉花做成的棉衣以后，顿时明白了一切。于是父亲对后母说："我娶你，就是希望你可以照顾我的儿子，没想到你这样残忍地对待他。你不配做一个母亲，你走吧！"

闵子骞听到父亲这样说，马上跪下来求他的父亲不要赶后母走，并对父亲说："后母在，挨饿受冻的只是我一个人，如果后母走了，我和弟弟们都要挨饿受冻。"后母听到闵子骞的话，非常后悔，当即表示，以后要像对待亲生儿子那样对待闵子骞。

闵子骞用忍耐感化了后母，如果每个人在生活中都能像闵子骞那样宽容待人，那么就会减少很多的冲突。就如同佛陀所说："忍之为德，持戒苦行，所不能及。"由此可见，忍耐也是一种修行。孔子也曾讲"小不忍则乱大谋"，说的就是这样的道理。

人生在世，免不了要和各种各样的人打交道，宽宏大度者可以容人之所不能容，允许别人有行动、判断的自由，甚至尊重、容纳那些和自己志趣不同的人，或者是那些和自己有过节的人。

李忱是唐宪宗的第十三子，在长庆元年被封为光王。因为李忱的生母没有什么地位，父皇宪宗皇帝驾崩得非常早，宫中权力斗争非常残酷，李忱被迫忍辱负重。

其后的二十年中，先后有四任皇帝登基，分别是李忱的哥哥李恒以及其三个儿子。李忱虽是三朝的皇叔，处境却非常艰难。他只能通过装疯卖傻来保全性命，同时培养自己的实力。即便是这样的不显眼，仍旧不能杜绝皇帝对其心存芥蒂，他经常遭到侄子们的迫害，还要当心让别人抓到自己的把柄，置自己于死地。

后来唐武宗继位，为了得以脱身，李忱用"寻请为僧，行游江表间"的理由，离开了皇权斗争的是非之地。在民间，李忱颠沛流离，日子非常清苦，却可以体察民情，这更坚定了自己的志向。在福建的天竺山真寂寺隐遁时期，李忱韬光养晦，努力地提高自己，积累实力。

终于在846年，李忱成功地夺取皇位，成为大唐第十六位皇帝。在此之前，李忱一直假扮痴呆，表现出无能的一面，忍受各方的欺凌，但这些都为日后成就大业奠定了基础。

不难看出，那些能够忍受常人难以忍受的痛苦的人，必定能够成为人上人。《金刚经》曾讲到一位忍辱仙人，被歌利王割去四肢，心中却没有仇恨之心。这并不是代表懦弱，而是为了成功而忍受艰难和困苦，是一种大智若愚的表现。所以，真正的忍耐也是一种力量。

但是，常言道，忍小忿而就大谋。忍耐之心虽然是一种煎熬，可它却是对一个人智慧和毅力的考验，是成就大事必备的条件。学会忍耐，才能获得过人的力量。在常人的眼里，或许忍耐是个贬义词，常常和受委屈、老实、吃亏、窝囊联系起来。但事实上，品味出"忍耐"两字真谛的往往是拥有良好修养的成功者，可以容忍他人，能够在任何场合表现出过人的风度。

现代社会中，争强斗胜的人很多，心平气和愿意退让的人却很少。中国有句话："要成就一件事情，须观察时机，等待机缘，急不得的。"受苦忍耐是一种承担、一种处理、一种等候，很多事业成功者都是在忍耐多次失败之后越挫越勇，最终取得成功。所以，与其幻想一朝有所成就，不如在艰难困苦中学会忍耐、涵养，等到时机成熟时，必然可以水到渠成。

▶ 闲来多笑，心病可以笑来"医"

中国民间有很多关于笑对人的益处的俗语，什么"一笑解千愁""笑一笑十年少""笑一笑，没烦恼；乐一乐，精神好"……可见，笑是一种生活轻松、愉悦的表现，更是一种愉快情绪的外在表现，它有助于消除不良的心理状态，活跃生活气氛。

微笑还可以让人放松下来，也可以让自己开心，它可以有效地将面部肌肉的神经冲动传递给大脑中的情绪控制中心，让神经中枢的化学物质发生改变，让心情渐渐变得平静。因此，无论是在工作还是生活中，多微笑，这样你也会觉得自己的工作状态发生了很大的转变。心病可以笑来"医"并非不切实际的夸张，它是有记载的：

相传，清朝有一位县太爷，由于患上了心病每天郁郁寡欢，愁眉不展，不思饮食，夜间辗转反侧无法入眠。没过多久，他就显出了憔悴之色。家里人非常着急，四处求医，但都没有什么疗效。

一天，当地来了位医术高明的老郎中，他知道这件事后，直接上门诊病。在给县太爷把脉后，他一本正经地说："你得的是月经不调之症。"县太爷听后笑得前仰后合，说："你这个妄言的家伙。"随即将其赶出家门。后来，县太爷逢人便讲此事，而且每次都会大笑一阵。谁知没过多久，他的病就好了。这时，他才恍然大悟，正是老郎中的绝妙之法才使自己心里的郁闷消除。其实，这就是通过"笑"治愈了县太爷的抑郁症。

案例中的县太爷因为心里积郁而郁郁寡欢，老郎中一个绝妙的笑点让他经常开怀大笑，最终心中郁气消除，病也就好了，可见笑之威力。

不管是在生活还是工作中，接触或置身陌生的环境中是很正常的。在陌生的环境里，人们总是习惯板起一张脸，不让别人看到自己内心的脆弱，防止外界来侵犯或伤害自己，很容易给人一种"生人勿近"的不适感。如果可以换一张布满微笑的脸，情况会不会好一些呢？

李晓东已经结婚很多年了，结婚之后，从早晨起来到上班的这段时间里，他很少对自己的妻子微笑，或者是对她说几句贴心的话。李晓东觉得自己每天要去辛苦工作，哪有那么多心情去讨好妻子啊。其实，他在公司里面心情也是很差的。

后来，李晓东患上了轻度抑郁症，医生给他布置了一个"作业"，要求他每天都要微笑，微笑着回家，微笑着工作，否则他的病只会越来越严重。李晓东有个毛病，就是谁的话都不听，唯独听医生的话，所以他决定按照医生的嘱咐试一试。

李晓东在准备去上班的时候，先调整自己的心情，他也会强迫自己改变过去的形象，让自己看起来心情很好的样子，出门前先微笑着对自己的妻子说："老婆，我去上班了。"到公司时他会微笑着对自己的同事们说"早安"；也会以微笑跟大楼门口的保安打招呼、对地铁的检票小姐微笑……很快，李晓东发现自己的妻子更爱说话了，做的菜肴更美味了；他发现自己的同事变得好相处了，就连门口的保安看起来都是那么可爱。他总是能够以一种愉悦的心情去面对那些满肚子牢骚的人。边听他们发牢骚边微笑，问题就轻而易举解决了。

没过多久，李晓东的抑郁症就痊愈了，他发现微笑带给了自己更多温馨和收获，如今的他，每天都很快乐，也很少发脾气。

可见，一个人的心情会改变其形象，拥有好心情，就能多一些笑容，而笑容就是一个人表达善意的信使。微笑如黑暗中的一盏明灯，能照亮所有看到它的人。对那些整天愁容满面的人来说，微笑就好像是穿过乌云的阳光。尤其是对于那些承受着上司、客户、父母或子女的压力的人，往往一个微笑就可以帮助他们消除心里的阴霾，拥有更多的欢乐。

与此同时，正是因为付出了微笑，才能拥有好心情，才能感染身边人，抛出友好的橄榄枝，最终赢得事业、尊重、友谊、爱情，甚至是未来。

在这个世界上，每个人都希望自己能够过上美满幸福的生活，也希望自己能够拥有美好的未来，受到别人的关注与尊重，其实想拥有这一切并不困难，学会微笑，学会给自己一个好心情。

当我们抱怨为什么自己会那么失败时，不妨好好反思一下，是不是心情差的时候多于心情好的时候呢？如果是这样，从现在开始改变自己的心情，你的生活、事业才会更加完美，你的心病才能尽早痊愈。

▶ 恩怨皆由心生，宽容化解仇恨

现实生活中，人与人相处难免有说不清道不明的时候，有时候一方还未开口，另一方却已经忍到了极限，根本不等对方解释，出口就是伤害人的话语。在这种情况下，双方的情绪都是激化的，可以说是走向了"地狱"。可是如果这一切真的只是误会呢？不就失去了一个好朋友，一段美好的感情。所以遇事不光要用眼睛看，还要用心去看，方能体会"一念是天堂"的境界。

有句话说得好："自古人生最忌满，半贫半富半自安！半命半天半机遇，半取半舍半行善！半聋半哑半糊涂，半智半愚半圣贤！半人半我半自在，半醒半醉半神仙！半亲半爱半苦乐，半俗半禅半随缘！人生一半在于我，另外一半听自然！"在人生的道路上，可能我们不惧怕伤身，但我们却都害怕伤心；可能我们不怕困难，但却怕丧失信心。当夜幕来临时，让我们感到恐惧的并非黑暗，而是孤独。寂寥的冬季，虽然让人感到寒冷，但摧残人们意志的却是仇恨；恨一个人会让你感到痛苦，忘记仇恨能让你倍感轻松。当心有所属之时，生活自然就会有奇迹。

田顺和刘毅以前是非常要好的朋友，一次，两人决定合伙去北京卖杂粮，但是那条街上卖杂粮的不少。大部分的杂粮店都会把自己的货品摆一部分在店门口，方便顾客了解店内的货物品种。

一天，田顺去进货，留刘毅看店，等他回来之后，发现店门口的货都没了，就问刘毅是怎么回事。原来，店门口是不能摆摊的，其他摊主都知道，每次城管要来巡查他们都能提前得知消息，然后将货物提前搬到店内。但是刘毅是新手，并不知道这里面的门道，城管来的时候他还在店门口卖货，城管便直接将他们门口的货都没收了。

田顺觉得刘毅是在找借口，难道看到其他店往里搬东西，他就不知道搬吗？他怀疑很有可能是刘毅将货转移到了其他地方，想独吞，为此他心中大为不悦。而刘毅却说那些货就是被城管没收了，田顺心里不相信，却碍于面子不说，而是埋怨刘毅不细心。两人就为了这点小事争吵起来，刘毅本来脾气就不好，被田顺冤枉，更是心头起火，就动手打了田顺。田顺当然也是毫不示弱地狠狠还击，最后两个人都挂了彩。从那之后，两人便成了仇人，不再往来。

第三天，田顺正准备把米搬出来卖，当他一大早推开门时，却发现门口放着个陶罐，陶罐里面还装着几根骨头。这可让田顺心里更不痛快了，因为按照当地风俗，这是很不吉利的，非常晦气。田顺的第一反应就是：这肯定是刘毅诅咒他生意落败，故意放到他家门口的。田顺顺手将陶罐扔到一边，之后就开始忙活自己的事。

不知道真的是田顺被诅咒了，还是巧合，那天他的生意惨淡。傍晚时分，他在路边捡到一棵草莓秧苗，正愁没地方种，回头一看，那个陶罐还在那里，于是随手将秧苗种到了陶罐里。

之后的一段时间，田顺的生意都还不错，还赚了不少钱，他很高兴，而且他惊喜地发现，陶罐子里的草莓秧苗居然开花了。这可把田顺高兴坏了，没想到这个破陶罐居然还能派上用场，给家里增添一抹春意。当田顺看着草莓秧苗从发芽到开花结果，他突然醒悟，为自己一直以来的心胸狭隘感到愧疚，他觉得自己当初真的不该迁怒于刘毅，而应该心平气和地听他解释。就这样，田顺主动去看望刘毅，并打算向他道歉。

就在去刘毅家的路上，田顺遇到了刘毅的邻居，邻居问他，前段时间，自己家的小孩子晚上在外淘气，将一个准备泡药的陶罐与一服兽骨药弄丢了，问田顺是否看见了。于是，田顺赶紧回家找到了陶罐和扔在一旁的兽骨，还给刘毅的邻居。

田顺顿时觉得自己错怪了刘毅，他带上从陶罐里采摘的草莓来到了刘毅家中，向他真诚地道歉。从此之后，两个人重归于好，感情甚至比以前还要好。

人与人相处时，经常会因小事而产生误会，但是千万不要因此而心生芥蒂，互相误解而让友谊或感情破裂，导致仇恨的产生。最好的化解方式是用宽容的心态将仇恨栽培成一盆鲜花，让自己心中有花，才能够让周围遍地开花。

时间既能带走一切，也能还原事情的真相。值得我们珍惜的，是无限春光和快乐的果实，真正的情谊并不会因误解、仇恨而逊色，反而会因为海纳百川的胸怀和气度而增色。让仇恨长成鲜花，这不仅是大彻大悟的境界，更是生活与工作的快乐源泉。

▶ 不计前嫌，宽容胜过指责

当因别人的错误而让自己受到伤害时，相信很多人都会在心中埋下怨恨的种子，导致自己生活在愤怒和埋怨的阴影之下闷闷不乐、郁郁寡欢。其实，如果不计前嫌，做到宽容，对人对己都是一件幸事。

众所周知，宽容是人类最伟大的美德，纠缠于别人的错误也是对自己的惩罚，我们只有学会宽容，才能够让自己从伤害中解脱出来。很多人在面对别人犯下的错误时，都不能以宽容的态度来对待，总是耿耿于怀，结果让自己也变得闷闷不乐。

在现实生活中，会有这样一类人，他们喜欢抱怨，说自己越来越感受不到温暖，越来越不愿意相信别人。因为原来的朋友变成了敌人，而那些素不相识的人也可能会伤害到自己，没有朋友的陪伴让他们无法体会生活的乐趣。

其实，只要我们看一下下面这个案例，就会明白，只有用宽容的态度对待别人，才能赢得更多人的爱戴，同时也会让自己得到真正的解脱。

一名心理医生在一次行医中认识了姚莹莹女士。当时的姚莹莹看起来非常不开心，而且她看那些失足孩子的眼神里没有一丝的慈爱，反而是充满了憎恨。

原来，姚莹莹有个儿子，曾经就读于镇上的中学，乖巧可爱。在他读初二那年，被一群在社会上游荡的不良少年扎中了腹部，抢救无效死亡。审判的时候，那个作案的男孩未满18周岁，所以并未判处死刑。也就是从那之后，姚莹莹的心里充满了仇恨，每当在街上看到那些行为不端的孩子，她都会有想冲过去杀死他们的冲动，而且这样的想法在姚莹莹的心中越来越强烈。

有时候，她自己都为自己产生的这种极端想法感到恐惧，于是她主动找到心理医生，心理医生决定帮助她摆脱这种折磨。于是，在心理医生的劝导下，姚莹莹接受了治疗，而且每个月都会抽出两天时间去自己家附近的一家少年犯罪中心看望那些她曾经痛恨的孩子们。

最初，姚莹莹显然非常不自在，但是在一段时间之后，她发现这些孩子的内心其实是非常渴望被爱的，甚至只是希望能够呼唤一声"妈妈"。

于是，姚莹莹逐渐融入了这个团体，而且每个星期都会去看望他们，有时会带去她亲手做的美食。那些孩子都非常喜欢她，而且慢慢地走出了迷途，回归社会。

从案例中我们看到了人类最伟大的美德——宽容的力量。我们每一个人都应该为姚莹莹女士感到高兴，因为她能够以宽容的心态让自己从失去儿子的痛苦中解脱出来。如果你从现在开始，能够真正做到宽容地对待别人，那么你也就迈出了成功的第一步，因为你会变得更加受人欢迎。

宽容是人际关系的润滑剂，更是友谊的桥梁。很多人可能会认为，宽容只是对别人有益的，是让犯了错误的人可以不受到惩罚，不受到良心的谴责。可是，事实上，宽容最大的受益者就是我们自己，而绝非别人。

斯琴是美国早期的音乐经理人之一，她与那些世界上一流的音乐家打了很多年的交道。很多人对斯琴的成功非常感兴趣，因为众所周知，音乐家的脾气通常是非常古怪的，总是会有意无意地制造出这样或者那样的麻烦。

面对人们的疑问，斯琴给我们讲了一个非常有趣的故事。

斯琴曾经为一位非常著名的男高音歌唱家做经纪人，但歌唱家的脾气却非常暴躁，非常爱耍性子。这一天，斯琴敲开了歌唱家的门，问他是否已经准备好参加今天晚上的演出。歌唱家皱着眉头说："对不起，我嗓子现在非常不舒服，我觉得今天晚上的演出有可能会取消。"

"是吗？那简直太遗憾了，我的朋友，看来我只能取消这次演出了。"斯琴平静地说。

歌唱家此时有点不相信自己的耳朵，问道："你说什么？你真的愿意取消演出？"

斯琴答道："我对于这件事情感到很遗憾。取消演出您可能会损失一些金钱，但是我认为这和您的声誉比起来，简直不值一提。"

歌唱家愣了一下，若有所思地说道："那你下午五点左右再来吧，到那个时候我可能会好一些。"

就这样，那天的音乐会如期举行了，而且歌唱家发挥得非常好。

这位演唱家的做法就像是小朋友耍脾气似的，总是在一些非常重要的事情上感情用事，无法很好地端正态度。但是斯琴的做法值得我们学习，他能在演出家提出无理要求的时候，从对方的角度出发，让自己的心情保持平静。在很多时候，如果你的态度过于强硬，即使你的出发点是正确的，也很难被人所信服。所以，在做事情时应该保持豁达的心态，宽容的胸怀，这会胜过苛刻的指责。

在面对别人的错误，哪怕是非常严重的错误时，我们也要以宽容的态度来对待。因为宽容与善良都是上帝赐予你的独特魅力，而这样的宽容与善良也能够帮助你得到别人的喜爱，把你自己从痛苦的深渊中解救出来，能够以积极的心态去面对生活。

▶ 克服你的不平衡心理

现实生活中，有这样一类人，他们总是觉得心理不平衡。因看到别人能力不如自己却拿着比自己高的工资而愤愤不平；因看着别人不努力却过着滋润的生活而咬牙切齿；因看着别人比自己漂亮而嫉恨油生……

其实，每个人的内心世界或多或少都会存在一些不平衡。某人赚了钱，某人升了官，某人买了车，某人出了国，某人盖了别墅等，本来自己能力比他们强，但是却没有他们风光体面。

在对比之下就产生了心理不平衡，而这种心理不平衡又会驱使我们去追求一种新的平衡。如果在追求新的心理平衡过程中，你能够不昧良知、不损害别人，自觉接受道德的约束，并且通过正当的努力、奋斗去实现自我价值，从而达到一种新的平衡，这是值得称道和庆幸的。可是如果在追求新的平衡过程中，你不择手段、毫无廉耻、丧失道义、自私贪欲之心膨胀，让自己的身心处在一种失控的状态中，那么就势必会产生一些意想不到的可怕后果，而你的人生必将陷入难以挽回的败局之中。

不平衡的心理就是因为比较，正是因为比较方式的不当，比较的参照对象选择上的失误才出现的。其实，只要我们多想一想那些普通的工人、农民、个体劳动者，我们的心里又怎么会有这么多的焦灼、急躁与失落，甚至是愤愤不平呢？

杨彤是一名美术老师，原先在教学上可以说是精益求精、兢兢业业，对待学生更是无私奉献。但是，当他看见身边的一些人通过各种手段富裕起来之后，心里也变得不平衡了。

再加上恰巧赶上单位要集资建房，可是他的口袋里面没有钱，只能眼巴巴地望着别人搬进了宽敞明亮的新居，自己却依旧要住在低矮破旧的小平房里，在这样的对比之下，备感自己的寒酸清贫。

中国有句俗话叫"靠山吃山，靠水吃水"，而这位老师自然就是靠学生"吃"学生。在这种情况下，杨彤放出风去，说自己认识考场老师，如果学生们愿意参加自己办的补课班，考入名牌美术学校的概率就会更大一些。

他所办的美术班每个月收取每位学生一万多元的课时费，这样的收入不仅可观，而且又合"情"合"理"。而他白天在课堂上也是尽量少讲，只等着学生们来找自己补课。一年下来，他的腰包鼓了，高档家具也买了，而且还穿上了名牌服装，二十几万元的住房集资款也已经筹齐了。

可是，正当他干得起劲的时候，却收到了学校的黄牌警告，原来自己树立的那种为人师表的美好形象已经荡然无存。

所以，心理上的不平衡会让一部分人的心处于一种极度不安的焦躁、矛盾、激愤之中，让他们牢骚满腹，不思进取，在工作中得过且过，和尚撞钟，心思不专，更有甚者会铤而走险，玩火烧身，走上了危险的钢丝绳。所以，我们一定要走出不平衡的心理误区。

现如今，在种种诱惑，特别是金钱、权势的诱惑下，有的人目眩头晕，忘记了自己做人的准则，在追求心理平衡的过程中，一步步朝着腐败、堕落的深渊迈进。在他们的身上缺少的就是一种圣洁的信念、奋斗的理想，更缺少一种世界观、人生观的持续刻苦的改造。

▶ 热爱，让你有不一样的收获

乔布斯曾经说过："成就一番伟业的唯一途径就是热爱自己的事业。"卡耐基也说过："如果一个人不能从工作中找到乐趣，那不是工作本身枯燥的缘故，而是他自己不懂得工作的艺术。"这真是一句至理名言！一个人对于工作感到没有兴趣或苦闷，是由于自身的缘故，并不是工作本身所造成的。

有三个砌砖匠在一起砌一面墙，这时，有一个人问这三个砌砖匠："你们在做什么？"

第一个工人说："砌砖。"第二个工人说："我正在赚钱。"第三个工人说："我正在建造这世界上最美丽的教堂。"

于是，前两个人一直是普通的砌砖工人，而第三个人最后成了一名出色的建筑师。

这个故事大部分人耳熟能详，故事中的三个砌砖匠在面对同一项工作的时候，表现出了三种截然不同的态度：第一个砌砖工认为自己是在做苦役，他把砌砖当成自己的一大负担，自然也就是以一种逆反和抵触的心理去做这项工作。那么对于他来说，这份工作肯定是痛苦的。

第二个砌砖工认为自己是在从事着一项工作，这项工作是为了自己的生活所做，但是他还是没有领悟到砌砖这项劳动所蕴藏的真谛。而第三个砌砖工却认为自己正在建造一座美丽的教堂，他认为自己眼前的每一块砖，自己所流的每一滴汗都是美丽的。也正是因为他良好的心态，让他在这一刻得到了充分的展现和升华。

其实，这就是三个砌砖工所展现出来的三种不同的心态，也必然会导致他们在解决工作、生活问题时会得到不同的结果和回报。也由此可见，快乐工作，才是人生的救命稻草，拥有乐观的工作态度，才会拥有成功。

李老在北京有一处老宅，一辈子任劳任怨，没少受苦。50岁的时候，他在一家建材厂当保安，建材厂里养了两只大藏獒还有六只小鸟，李老没事的时候就是遛遛狗，遛遛鸟，和厂子里的人聊聊天，也算充实。李老的老伴是个做饭的好手，每天都会做两个拿手好菜到厂里和他一起吃。日子虽然不算富裕，但是夫妻恩爱，生活和美。

后来，家里拆迁了，李老分了两千多万元，一时间他竟然不知道该怎么花这么多的钱。李老无儿无女，如今也已经快满60岁，更不可能生养了。于是，他决定辞掉工作带着老伴去旅游。

谁知几个月后，李老又跟老伴一起回来了，他又一次找到建材厂的老板，希望他继续雇用自己。建材厂的老板不解："您已经是千万富翁了，为什么还要来这个不管吃住，一个月三千多元的地方上班？"哪知李老却说："这段时间在外旅游，我最大的感想就是住在再高档的宾馆都不如家里温馨，吃再可口的饭菜都不如老伴做的饭菜香；到哪儿我都惦记着咱们厂里的那几只藏獒和那几只鸟。在这里工作我很充实，这才是最让我踏实、快乐的地方。"

当建材厂的员工们问他是不是疯了的时候，他发自内心地说："我不能把自己的余生花在无聊的度假上，我要与我的同事及心爱的獒犬一起快乐地工作下去，我要等下班的时候和老伴一起享用她亲手做的可口饭菜。"于是，他继续过着自己充实而快乐的生活，工作时间他继续在厂里看门，和獒犬为伴。人们都相信，他是快乐的，因为他热爱着自己的工作和生活。

很多时候，我们会把工作等同于赚钱，因此工作便成为一种庸俗的劳动。如果你试着把工作与钱适当分开，和快乐挂上钩，也许你将发现工作会变成一件愉快的事情。细细想来，我们大多数人都没有中头彩的命，可能要将人生大部分的时间献给工作，如果不把工作看作是快乐的事情，无法从工作中寻找快乐，那我们漫长的一生不是注定要悲哀地度过吗？想让工作变得快乐一些，你可以参照以下方法来进行：

1. 时刻谨记，工作不是你的一切

法国社会学家多米尼克·梅达说："必须停止'工作就是一切'的想法。"她强调在工作中要建立一种平和的关系，不过她同时承认，在现实中做到这一点还是有难度的，因为人们都深信"不工作就没饭吃"这一观点。其实产生这种矛盾情绪很正常，因为工作原本就是痛苦与成就紧密交织在一起的产物。不过在现实生活中，你的自我形象越多元化，就越容易感到快乐。对此，美国耶鲁大学心理学家派翠夏·林维尔建议："当你在工作中遭遇挫折和打击的时候，需要在其他方面得到恢复。如果成就感只来自工作，那么工作上的不顺心，就很容易影响到情绪。和工作保持适当的距离，建立起一种平和的关系，正是为了在工作中更好地感受快乐。"

2. 表现出你自己的好心情

很多时候，工作让你感到不快乐的根源就在于死气沉沉的工作氛围。法国心理学家本杰明·萨勒曾对多家企业进行调查后发现，很多公司都有简洁的环境、舒适的空调、柔软的地毯，可工作氛围却让人窒息。好的工作氛围需要公司员工的共同努力，比如交谈、好心情、幽默感，以及每天交换带来的小零食，都是能带给人快乐的。微笑可以让人的心理产生奇特的变化，同事之间多微笑，不仅能融洽同事关系，而且能消除消极情绪。

3. 对工作投入热情

洛克菲勒曾对儿子说："不要总想着去看表，忘掉时间吧！上午九点到下午五点的工作时间不是为了你而定的。商业犹如一场对弈，一场比赛8小时对于想大显身手干一番事业的人是远远不够的。当我初次踏上推销员之路时，发现我的竞争对手们周末都不工作。在星期六，我并没有什么特别重要的事情需要去做。那时我还是个单身汉，不会被结婚带来的责任所拖累。那我干些什么呢？打网球吗？不，推销本身就是我的娱乐，就是我的比赛。我决意要成为胜者。"如果你想成为下一个成功者，从现在开始，将自己的热情多投入工作中！

▶ 高调行事，低调做人

社会在不断地发展变化，随之产生的诱惑也越来越多。是非、成败、得失都会让人或喜、或忧、或悲、或惊、或惧、或怒，一旦欲壑难填，人生的希望就会变成幻影，以致失落、失意甚至失志。想要克服这些，就必须要做到宠辱不惊，高调行事，低调做人。只有这样，才能笑看人生。

居里夫人是一位卓越的科学家，而她的一生曾经两次获得诺贝尔奖，获得的其他奖项也有8次，各种奖章16枚，各种名誉头衔107个。可是她本人却把这些奖项看得非常平淡。

有一天，居里夫人的一位朋友来到她家做客，忽然看见她的小女儿正在玩弄英国皇家学会刚刚给她颁发的一枚金质奖章，于是极其惊讶地说："居里夫人，得到一枚英国皇家学会的奖章，这可以说是极其高的荣誉了，你怎么能给小孩子玩呢？"

居里夫人听完之后笑了笑说道："我是想让孩子从小就能够知道，荣誉就是玩具，只能够玩玩，绝对不能够永远守护着它，不然的话终将是一事无成，让自己停滞不前。"

正如爱因斯坦所说的那样："在所有的著名人物中，居里夫人是唯一不为荣誉所腐蚀的人。"能以一颗低调的心对待一切，这可以说是一种境界，如果能做到这一点，就不会为了一时的平淡，或者寂寞而急躁抱怨，也不会为了一时的辉煌而沾沾自喜，或者是欣喜若狂。学会低调，不仅是对生命透彻的领悟，更是对一切烦恼的顿悟和对生命真谛的感悟。

宠辱不惊说起来容易，但是做起来却有一定困难。在当今的大千世界里，多姿多彩的事物令我们眼花缭乱，名和利成为很多人追求的目标。其实，最为关键的就是看你如何看待，明确自己的价值，心中没有过多的私欲，那么自己就不会患得患失；认清自己所走的路，得之不喜，失之不忧，千万不要过分看重成败，更不要在乎别人对你的看法。宠辱不惊是一个人一生的一大境界，在面对荣辱的时候要学会随遇而安，"不以物喜，不以己悲"。

想要做到宠辱不惊，最为重要的是让自己的心处于一种低调的状态。那么，在面对诱惑的时候，应该怎么做呢？

1. 保持低调的姿态

在低调中去修炼自己：低调做人不管是在生活中，职场中，还是在情场里，这都是一种进可攻、退可守，看似平淡，但却是高深莫测的处世谋略。谦卑更是一种智慧，也是为人处世的黄金法则，懂得谦卑的人，势必也会得到其他人的尊重，受到世人的敬仰。

大智若愚，这其实是养晦之术，而大智若愚的关键就是在一个"若"字，这种甘为愚钝、甘当弱者的低调做人态度，能够让自己潇潇洒洒地过一生。

2. 保持低调的心态

功成名就更需要保持平常心，当你已经有了地位、名誉、财富的时候，你自然会成为大家关注的焦点，而此时只有保持低调才能够避免树大招风。而且，我们也只有放低姿态，才能够让自己不骄不躁，追寻更大的成就。

做人，千万不要恃才傲物，你在取得成绩的时候，首先应该去感谢他人、与人分享、为人谦卑，这样才能给别人吃下一颗定心丸。如果你习惯恃才傲物，看不起任何人，那么终有一天你会独吞苦果！因此，请记住，恃才傲物是做人的一个大忌。

3. 保持低调的言辞

有的人喜欢图嘴上的痛快，到最后却吃了大亏。一个思想成熟的人不应该去揭人伤疤，更不要拿朋友的缺点开玩笑。千万不要因为你已经非常熟悉对方了，就随意嘲笑对方的缺点，揭人伤疤。否则，你肯定就会伤及对方的人格、尊严，违背了你开玩笑的初衷。

还有一种情况，有的人在面对别人的赞扬时也不懂得谦虚。当别人在赞许你的时候，你应该谦和有礼、虚心，只有这样才能够展现出你的魅力，从而也能够淡化别人对你的嫉妒心理，维持和谐良好的人际关系。

4. 保持高调的心志

立高远之志，创辉煌人生。很多人在默默无闻的时候，不会被人重视的时候，不妨试着暂时降低一下自己的物质目标、经济利益或者是事业上的野心，从而做好一个普通人该做的普通事，这样你的路才会越走越宽，或许你会发现很多你意想不到的机会。

一个人心理负重太多，就会陷入世俗的泥沼无法自拔：金钱的纷争、权力的诱惑、物质的吸引，这些让人殚精竭虑的事情总会让人们太过于执着于名利。

在成功面前，宠辱不惊才是最好的军师，它也在时刻提醒我们：不要给心灵加重包袱，能够做到宠辱不惊的人才是最后的赢家！

▶ 摆正心态，用正确的视角看待一切

现代人生活节奏加快，竞争压力日益增大，在这种情况下，人很容易产生不健康的心理状态。如今，抑郁已经成为很多人都无法摆脱的一种情绪。对于很多人来说，"抑郁"已经成了一种非常时髦的口头语，似乎只有"抑郁"才跟得上潮流，那些不"抑郁"的人，好像完全跟不上社会发展的脚步。

于是，很多人为了显示自己的新潮而故作"抑郁"，以不同的方

式将自己束缚在抑郁之中。殊不知，随着抑郁时间加长，抑郁的程度会越来越深。即便在刚刚开始的时候是故作抑郁，到后来也会真的被抑郁纠缠得无法脱身，最终被抑郁的情绪压得喘不过气来。

抑郁者通常无法看到阳光，所以在他们眼中，整个世界都是灰色的，灰色的世界给他们带来了灰色的心情。在这种压抑的氛围中生活太久，整个人就会变得毫无斗志，失去了积极向上的活力。长此以往，抑郁者的身心都将受到极大的损害，严重时还可能患上抑郁症。

王宏强出生在一个偏远的小山村里，从小他就知道，要想从山沟里走出去，唯一的出路就是好好学习。为了这个目标，他勤奋刻苦地学习，终于以全乡第一名的成绩考入了县一中。

刚刚从山村来到县城，王宏强感到非常不适应。他不仅在衣着、语言方面与县城的同学有差距，学习环境的变化也让他感到无所适从。

随着新学期的开始，王宏强在学习方面感受到了巨大的压力，虽然不必再像以前那样每天赶着山路回家，可是一个人孤身在外的感觉，让他倍感煎熬和痛苦。各种因素叠加在一起，让王宏强的精神状态变得极差。刚刚开学两个月，他就出现了无法入睡的情况。即便睡着了，也是仅仅两三个小时就醒过来，然后就再也无法入睡。

长期的睡眠不足加上精神的巨大压力，让王宏强的性格发生了巨大的变化，他从活泼开朗变得易怒易躁。稍微有点不顺心的事情，他就感觉所有的事情都将对自己不利；稍微遇到一点困难，他就觉得人生注定失败；稍微有点风吹草动，他就变得疑神疑鬼。王宏强的精神状态越来越差，他感觉自己的生活完全没有了希望，自己的理想和目标永远都没有办法实现。

在这样的煎熬中，王宏强勉强上完了初中二年级。到了初中三年级，学习更加紧张，中考的压力更让王宏强感到无法喘息，他开始整夜整夜都睡不着觉。在同学们进入梦乡的时候，王宏强却无比清醒，他的脑海中闪过的都是自己失败的画面，他的心已经被失望和悲观的情绪笼罩了。王宏强看到路边的乞丐，也会不由自主地想："我今后的生活是不是还不如他？"王宏强越想越觉得压抑，他甚至想过结束自己的生命。值得庆幸的是，他在最后关头想到了年迈的父母，才避免了悲剧的发生。

王宏强的情况让老师和家长都很担心，经过考虑之后，王宏强的父母决定带着他去进行心理治疗。在心理医生的指导下，王宏强的状况有所好转，经过一段时间的治疗之后，王宏强终于可以理性地看待自己的心理状态。在抑郁的时候，他会通过一些手段进行发泄。在发泄完心中的苦闷之后，他感觉整个人都轻松了许多。他终于重新发现了世界的美好，发现了生命的可贵。

王宏强被抑郁的情绪紧紧包裹，他无法用正常的视角去看待自己以及身边的一切，当他的心情变得灰暗无比时，整个世界似乎都变成了灰色的模样。对于他来说，抑郁已经成为一种常态。经过医生的指导和治疗之后，王宏强重新焕发了活力，终于再次发现了生活的美好。

抑郁这种情绪，时常会对我们进行侵扰，一旦被其缠上，我们将会对自己的处境产生错误的判断。在抑郁的影响下，我们会变得悲观、失落，甚至会失去活下去的勇气。所以说，我们绝对不能任由这种情绪长期存在下去，而是要通过各种手段，不断调整自己的状态，争取早日走出抑郁的阴影，重获阳光的心态。

吴立民是一家公司的业务员，由于业绩不佳，他经常会受到经理的批评。不过他并没有放在心上，因为整个公司的发展情况都不好，其他的业务员也没有特别突出的成绩。对于吴立民来说，上班就是混日子，只要公司给他开工资，他就觉得心满意足了，偶尔挨顿批评对他来说根本无足挂齿。

可是，事情并没有像吴立民想象的那样发展。经理对吴立民的批评次数也越来越多，这让吴立民感觉有些难以接受。吴立民想不明白，为什么他一迟到就会被经理碰上，而其他的同事迟到从来就没发生过这种情况。不仅如此，在许多事情上，他总是"倒霉"的那一个。

最初几次，他还能以"人一倒霉，喝水都塞牙"来自嘲，可是随着次数的增多，他心中的无奈情绪也变得越来越多，当情绪积累到一定程度之后，他就变得抑郁起来。他不仅觉得经理在和自己对着干，还觉得其他的同事也在背后算计自己。产生这样的心态之后，吴立民的猜疑越来越多，心中的负担越来越重。在他看来，同事们的一言一行都可能是故意设下的陷阱，所以他在做事情的时候总是小心翼翼。心中的郁结情绪越是放不下，吴立民的精神状态就越差，他越发不堪其扰，最终只能接受离职的结局。

案例中的吴立民总是抱着混日子的心态上班，被领导批评是迟早的事。而等到他屡次被领导批评之后，他便开始忧心忡忡，没有调整好心态去提高自我能力，反而猜疑同事算计自己，最终把自己逼上了抑郁的道路。

试想，如果吴立民可以摆正心态，将抱怨、多疑的情绪收一收，多在工作上下功夫，做出一番业绩，那么势必会是不同的结果。最起码经理对他就不再是数落而是夸赞了，他的心态也势必会更加积极向上。

▶ 简单生活，寻求内心的平静

人们经常会被生活中的各种繁杂的事务所侵扰，并因此陷入各种各样的纠纷中，生活在一种复杂状态中。匆忙的脚步，疲惫的心灵，偶然抬头的时候才发现，生活早已不是我们汲取快乐的源泉，而是使我们沮丧悲观的重担。而这一切的一切，皆因我们日渐复杂的心灵和无休无止的欲望。

"大道至简"，最深奥的道理是简单的。生活亦如此。著名作家刘心武曾说过："在五光十色的现代世界中，应该记住这样古老的真理——活得简单才能活得自由。"简单是一种美，是一种朴实且散发着灵魂香味的美。简单不是粗陋，不是做作，而是一种大彻大悟之后的升华。

人的生活越简单就会越快乐。虽然古人没有今人那么多的物质，没有今人那么多的精神享受，但是他们的快乐十分容易得到，比如，一壶酒、一杯茶、一首小曲都可以让他们快乐许久。当今社会，有了歌剧院、影院，有了汽车、飞机，人们反而变得焦虑不安，快乐逐渐减少，最快乐的时光似乎只有在童年才能找到，甚至有许多孩子现在都找不到童年的快乐，他们的童年在一个个补习班里度过，他们不应该承担的繁重压力挤走了他们所剩无几的快乐。现在的人追逐物质上的享受，认为自己拥有的越多就越快乐，可是他们却发现，当他们拥有的越来越多时，快乐并没有增加，反而在逐渐减少。所以，想要自己过得快乐，让自己的生活简单一些就是一个最好的方法。

简单是一种智慧。生活永远不会平静，也不会简单。但需要我们从中寻求平静，寻求简单。化繁为简，是需要一种心智的。

简单生活并不是要你放弃追求，放弃劳作，而是说要抓住生活、工作中的本质及重心，用四两拨千斤的方式，去掉世俗浮华的琐务。卡尔逊说："简单生活不是自甘贫贱。你可以开一部昂贵的车子，但仍然可以使生活简化。一个基本的概念在于你想要改善你的生活品质，诚实地面对自己，想想生命中对自己真正重要的是什么？"

一天早上，一家公司的老板来到一个煎饼摊前排队买煎饼吃。其实他很少自己出来买早餐，今天之所以来这里，一是因为自己今天闲暇无事，二是因为这几天他路过这里的时候总发现这里排着不少人，想来味道一定还不错。终于排到自己，他要了一个加火腿的煎饼，尝了一下，味道果然非常好。

下午三点多的时候，他又来到煎饼摊前，此时煎饼摊没有顾客，那个摊煎饼的中年男子正优哉游哉地躺在藤椅上听着相声。老板走到中年男子的面前，问道："你每天可以卖多少煎饼？"中年男子回答说："我一般卖到上午十点就关门了，早上六点开始出摊，4个小时差不多能卖100个煎饼。"老板拿出计算器算了一下，一个煎饼最便宜的5元钱，成本1.5元左右，一个煎饼可以赚3.5元钱，100个就是350元钱，除去每天100元的房租，差不多可以赚250元钱。但是，老板觉得这个钱并不多，如果中年男子再努力一些，卖8个小时的煎饼，就可以赚500元钱，他实在不明白这个中年男子为什么把大把的时间浪费在听相声上。

于是，那个老板又问："那你剩余的时间都在干什么？"煎饼摊的老板回答："我每天上午六点开始卖煎饼，十点收摊，然后躺在藤椅上休息一会儿，然后去接儿子回家吃饭，和家人聊聊天，接着一起享受午餐。下午两点送儿子上学后，继续躺在藤椅上听自己喜欢的相声，到五点钟再去接儿子放学。晚上回家和老婆一起做晚餐，全家人享受晚餐，吃过饭后一起到公园散步，回来以后洗漱、睡觉，美好的一天就过去了。周末全家人还会一起去旅游，但都会安排在十点钟以后，我的日子过得可是快乐又忙碌呢！"

老板以自己的心思帮他出主意说："我觉得你应该每天多花一些时间做煎饼，到时候你就有钱去租一个大的早餐店。等有了大的门店之后，你自然就可以雇人和你一起摊煎饼，同时做一些其他小吃、午餐，赚更多的钱，再然后你就可以开分店了。到那时候你就不用再亲自动手摊煎饼了，只需要管理好自己店里的店长们就可以了。等你的分店开遍全国各地之后，你就可以带着全家人搬到大城市去住了。"中年男子问："这要花多长时间呢？"老板回答："十五年到二十年。"

"然后呢？"

那个老板得意地说："然后你就可以在家快活啦！等时机一到，你就可以宣布上市，把你公司的股份卖给投资大众，到时候你就有数不完的钱！"

"然后呢？"

老板说："到那个时候你就可以享受生活啦！你不用再忙碌生意了，可以在家陪老婆孩子享受温馨的生活，没事散散步、做做菜、听听相声，还能出去旅旅游！"中年男子疑惑地问："那与我现在有什么两样吗？"

既然中年男子已经在快乐地享受人生了，他还需要追求什么样的人生吗？人生在于这种享受的心情，享受着简单的快乐。

"只有简单着，才能快乐着。"不奢求华屋美厦，不垂涎山珍海味，不追名逐利，不扮贵人相，过一种简朴素净的生活，才能感受到生活的快乐，外在的财富也许不如人，但内心充实富有才是真正的生活。这才是自然的生活，有劳有逸，有工作的乐趣，也有与家人共享天伦的温馨，自由活动的闲暇，还用去忙里偷闲吗？

西方哲学家梭罗说："大多数所谓豪华和舒适的生活不仅不是必不可少的，反而是人类进步的障碍，对此，我们必须认清哪些是我们必须拥有的，哪些是可有可无的，哪些是必须丢弃的。"生活中，一个人为维持生计和健康所需要的物品并不多，超于此的物品是奢侈品，人们对奢侈品的需求可以说是无尽头的。如果一个人太看重物质享受，就必须要付出精神上的代价。其实，能够约束自己无尽的欲望，满足于过简单的生活，远离复杂的交际和应酬，算不得是什么损失，反而会让我们受益无穷。我们会因此获得好心情和好光阴，可以把更多的时间奉献给自己真正喜欢的人，真正感兴趣的事。说到底，其实就是奉献给自己的生命，因为你的生命领域将更加宽阔。

简单，其实应该是为人之本。冰心曾说过："如果你的心简单，那么这个世界也就简单。"简单使生活回归自然，使浮华回归纯朴，使嘈杂回归宁静，使身体清爽健康。简单状态下，欲望容易满足，易于得到自由，所以说简单是快乐的源泉。回归简单而得来的快乐，曾经复杂过的人最能体会。这样的快乐更长久，虽然不是原始纯粹的快乐，却有着丰富深长的内涵。

丽莎·茵·普兰特也说过："简单不一定最美，但最美的一定简单。"由此可见，最美的生活也应当是简单的生活。在西方社会，简单主义正在成为一种新兴的生活主张。因为很多生活方式以及许多所谓的舒适生活，不仅不是必不可少的，甚至还是人类进步的障碍和历史的悲哀。在这种情况下，人们更愿意选择另一种生活方式，过简单而真实的生活。

简单生活，是一种丰富、健康、和谐、悠闲的生活；简单生活，是经过深思熟虑之后，表现真实自我，生活目标和意义明确的生活；简单生活，才能活出真正的自己。

▶ 心态变了，你的世界就变了

每个人都有多种情绪，而且每个人都有情绪化的时候。即使某人很理性，但当这个人很有"理性"地思考问题时，也会受他当时的情绪状态影响。其实，"理性地思考"本身就是一种情绪状态。因此，可以说人是一种百分之百情绪化的动物，而且不管什么时候所做的决定都是情绪化的。

人的情绪总会有高涨和低潮的时候。处在情绪高涨时，整个人都会心情愉悦，愿意心平气和地去做每件事；而处在情绪低潮的时候，人们就会烦躁不安，容易莫名其妙地发火。情绪低潮期时，人的情绪会变得极度低落，思维反应迟钝，对很多事都提不起兴趣，甚至产生悲观厌世的心理。

大多数人都有这样的体会，开心的时候，看阴天也是晴天，遇雨天也能浪漫；反之，伤心的时候，觉得自己做什么事都不开心，做什么都做不好，看晴天是晒，看阴天是郁。可见，情绪对人的影响力有多大。

有一位医术高超的医生，从医二十多年来，为众多的患者解除病痛。事业蒸蒸日上的同时，赢得了患者和医学界的共同称颂。然而，天有不测风雨。在一次身体检查中，这位医生被查出患有癌症。刚刚得知这一消息的时候，他的情绪十分低落，不敢想象今后的生活会是怎样。但是，出于医生的职业本能，他最终还是接受了这个残酷的事情。他不仅没有因癌症而悲痛欲绝，反而以更加宽容的心态去看待身边的一切。

在得知患病以前，他就将病人放在重要的位置，想方设法地帮助病人摆脱病魔的纠缠。如今，自己身患绝症，他更加感同身受，每天都想着要好好珍惜最后的这段时光，为更多的病人带去健康。他一边辛勤地工作，一边勇敢地和病魔抗争。就这样，他比预计的时间多活了几年，依然贡献着自己的能量。

对于他的"生命奇迹"，很多人觉得十分诧异。患有相似疾病的病友问这位医生延长生命的秘诀，他总是笑呵呵地回答："其实并没有什么秘诀，我只是给自己找到了精神支柱而已，那就是希望。每天早上醒来的时候，我都给自己一个希望，希望可以多救治一个病人，或是希望我能让别人感到快乐，等等。带着希望生活，让我觉得每一天都很充实、很忙碌，哪里还有时间去想自己的病情呢？就这样，我在不知不觉中多活了几年。"

病友听了，一副恍然大悟的样子。

案例中的这位医生不但医术精湛，而且有非常好的控制情绪的能力，他能在得知自己身患绝症之后控制自己的负面情绪，积极地对抗病魔，该干什么干什么，最终在不知不觉中多活了几年。

在这个世界上，有很多事情是我们难以预料，也无法控制的。当不幸突然来袭的时候，我们可以悲伤，可以落泪，可以将自己关起来，沉浸在悲伤中舔舐自己的"伤口"。毕竟每个人都有选择的权利，都可以按照自己的方式去应对和处理不幸。可是，沉浸在悲伤中真的对我们有所帮助吗？

答案当然是否定的，长期生活在悲伤的情绪之中，不仅无益于"伤口"愈合，反而会因为长期的沉溺而加重心理负担，让人变得更加悲观和消极。只有对自己充满信心，对未来充满希望，以积极乐观的心态去应对每一个不期而遇的不幸，我们才能看到生活的阳光。人生充满了选择，而生活的态度就是一切。相同的世界在不同的人眼中是不同的，有时甚至是截然相反的。心态不同，人对同样事物的认知就会不同。你用什么样的态度对待你的人生，生活就会以什么样的态度来对待你。你消极悲观，生命便会暗淡；你积极向上，生活就会给你许多快乐。

其实，情绪的好坏和我们自己的心态、想法有着密切的关系，这就是心理学中的情绪定律。人的心态是随时都能进行转化的，有的时候能转好，而有的时候会转坏。如果你想好事，心情就会立刻变好；如果你想坏事，心情又会立刻变坏，关键就看你自己是如何想的。

心理学家证实，人不但是消极情绪的放大镜，而且也是积极情绪的制造者，生气郁闷无非是在自我折磨。我们一定要学会自我调节，这样才能一直保持积极情绪。比如同样是失败挫折，有的人觉得这不过是经验累积，然后更加勇往直前；而有的人看到的却是失望边缘，从此一蹶不振。正是因为这些心态、认知上的偏差，才会产生不同的情绪。所以，我们可以通过改变对事情的看法，去调整不良的情绪。

有个年轻的少妇因为丈夫对自己冷淡、婆媳关系不融洽而对生活失去信心，她来到一处河边，想投河自尽，刚好被一个在河里捕鱼的老船夫救起。

老船夫问少妇："你这么年轻，以后的路还长着呢，为什么要寻短见呢？"

少妇流着泪说："我真的太不幸了。刚结婚一年多，丈夫却在外面有了别人，对我冷淡异常；好不容易生下孩子想挽留他的心，没想到是个女儿，婆婆对自己的态度也是一百八十度大转弯，而且孩子昨天刚刚病死了。你说我还有什么活头？"

听完少妇的哭诉，船夫继续问："你结婚之前的生活怎么样？"

回想起结婚之前，少妇的脸上露出了微笑。她说："结婚前我和爸爸妈妈生活在一起，经常和小姐妹一起出去玩，上班下班，生活充实，无忧无虑，很快乐！"

"那个时候你有丈夫、孩子吗？"

"当然没有！"

"既然如此，你又何必如此悲伤？如今的你只不过被命运之船送回到结婚之前罢了！"

很多时候，很多人也和跳河的少妇一样，面对同样的现实或情景，只是从一个角度去看问题，最终引发消极的情绪体验，陷入心理困境；而如果从另一个角度看问题，你就会发现其中的积极意义，进而将消极情绪转化为积极情绪。

在你觉得自己不快乐、情绪极端低落的情况下，不妨换个角度看问题，这样过不了多久，萦绕在心头的阴云就会被积极的情绪所覆盖。

人生其实有很多美妙时刻，但同时也包含着很多的曲折，生活不可能永远如诗一般美丽而缥缈。我们要做的就是能够消除一些思想上的误区，坦然面对挫折和逆境，让自己处于快乐的状态，保持适度的冷静、清醒。当自己转入情绪低谷时，尽量避免不停地对比和回顾自己曾经的辉煌，要懂得隔绝相关刺激源，将注意力转移到可以平和自己心境或振奋自己精神的事上。这样一来，所有的不幸都会烟消云散。

第 三 章

对他人好，就是对自己好

 **舍得舍得，有舍方能有得**

电视上有一句广告词："智慧人生，品味舍得。""舍得"二字经常一起出现，就是告诉我们做人要懂得取舍，面临选择时要冷静、客观地看待现实，分析其中的利害关系。

当一个人有了明确的目标之后，他就敢于放弃这个过程中不太重要的东西，也不会再浪费精力去做那些没有意义的事情。懂得放弃一些事情，才会有充足的精力去做那些值得我们去做的事情，才不会因为某件事没做好而感到懊恼，而是会因为做成某件事而感到开心。

其实能不能"放"，关键还在于自己的心能不能放到最主要的那件事上：放弃计较、放弃不甘、放弃……我们要将自己好的东西舍给别人，舍什么就会得到什么，这是必然的。如果我们只是将自己的愁闷和烦扰舍给别人，将自己的财产、快乐私藏起来，那幸福就是短暂的，所拥有的一切也会很快消失。

曾经有一个很富有的商人，他有着乐善好施的品质，经常会帮助周围那些穷苦的人，他拥有着万贯的家财。但是他的儿子却非常吝啬，丝毫不愿与人分享自己所拥有的东西。等到父亲去世之后，儿子继承了父亲的财产，却费尽心思去搜刮民财，最后天灾人祸，家中惨遭不幸而变得一无所有。

这父子二人一个乐于施舍，一个冷酷吝啬，最终有着截然不同的结局，种一收十，种十收百，种百可以收千千万万。世间之人，总是想着要如何获得荣华富贵、显赫地位、健康身体、聪明智慧，却不重视为这些"收获"去"播种"。试问，如何收获呢？

当然了，仅仅懂得舍也是不够的。世间懂得"舍"的人有很多，但是如果这些人只懂得舍而不接受别人的善意，也是不正常的行为；而如果世间之人只懂"得"而不肯"舍"，也就是我们通常所说的一毛不拔，同样是不正常的行为。

有位富人一直非常吝啬，虽然他有万贯家财，但是对社会上的善举却不闻不问。有一次，他请禅师到家中讲经，禅师看到他之后，将自己的手掌伸开，问："我的手经常如此，不能收缩，如何？"富人答："这是畸形！"禅师又将自己的手合起来，问："如果我每天都将自己的手紧握而不伸开，如何？"富人答："这也是畸形！""自己不爱惜的东西都给别人，这是畸形；自己对金钱一文不舍，这也是畸形！"禅师说完之后就转身离去。富人这才明白，自己平日里不肯施舍，自己的人生就是畸形的。

当我们接受别人的"舍"时，应当将滴水之恩，用涌泉来报；如果我们施给别人，则要用平常的心态来看待自己的行为，将这个施舍的过程看成与人结缘的机会或是看成自己生命价值的所在。

所谓"大丈夫能屈能伸"，真正懂得施舍意义的人才能舍能受。就好比我们的四肢，伸屈自如的时候才最舒服，否则的话，就是畸形。所以，财物要能舍能得，有舍有得。我们个人的财富本来就取自这个社会，我们为社会付出一些也是应该的。所以，我们应当懂得将个人的财物变为大众共享财物，这才是人生富有的体现。

"屈伸自如"是养生之道、用人之道、生存之道，也是人的思想升华之道。当人们对你表示尊重、敬佩时，不要用不屑或轻蔑的目光去回馈你的崇拜者，要昂首挺胸，以礼待人；当别人对你表示谦恭时，你也要低头屈身，表示自己对对方的尊敬。如果一个人总是抬头挺胸，不懂得去尊重他人，就会被人敬而远之。因此，以舍为得，屈伸自如，才是修身处世之道。

▶ 善待别人，就是在善待自己

日常生活中，难免会发生这样的事：亲密无间的朋友，无意或有意间做了伤害你的事，你是宽容他，还是就此分手，或伺机报复？有句话叫"以牙还牙"，分手或报复似乎更符合人的本能心理。但这样做了，怨会越结越深，仇会越积越多，真是冤冤相报何时了。如果你在切肤之痛后，采取别人难以想象的态度，宽容对方，表现出别人难以达到的胸襟，你的形象瞬间就会高大起来，你的宽宏大量、光明磊落使你的精神达到了一个新的境界，你的人格将会折射出高尚的光彩。宽容，作为一种美德受到了人们的推崇，作为一种改善人际交往的心理因素也越来越受到人们的重视和青睐。

清朝时，山东济阳人董笃行在京城做官。一天，他接到了家中的来信，信上说家里盖房子，为了地基的事和邻居发生争吵，希望他可以借官威出面解决这件事。董笃行看后马上修书一封："千里捎书只为墙，不禁使我笑断肠。你仁我义结近邻，让出两尺又何妨。"家人读完信后，觉得董笃行说的很有道理，于是主动在建房的时候让出几尺。邻居见董家如此，顿觉愧疚，也效法让出几尺。结果两家共让出八尺宽的地方，房子盖好之后，就有了一条胡同，世称"仁义胡同"。

从这个故事中我们不难看出，董笃行用自己的包容胸襟维护了邻里之间的关系，更获得了人心。人们常说，广纳百川万事通。拥有一颗包容之心，你的人生道路便不会难走。

宽容是人类的一种美德，也是一种博大的智慧，更是一种化解仇恨的良方。对于他人给我们所带来的巨大伤害，我们不能仅停留在仇恨的记忆上。因为仇恨是一切罪恶的种子，它除了能带来更多的仇恨之外，对于我们没有任何帮助。多一个敌人，远不如多个朋友好。只要我们主动伸出和解之手，解开彼此心中的疙瘩，我们可能就会减少一个敌人，而增加一个肝胆相照的好朋友。

古人云，得饶人处且饶人。宽容是为了那些曾经侵犯我们的人着想，它的最高境界是心灵的净化和升华。一个人能够以宽容对待伤害自己的人，不但会化解和避免很多无谓的矛盾，而且还会产生出一种温暖的自我认同感，可以消融自己的痛苦、烦恼，帮助我们恢复友谊、爱情和事业。

三十年前，陈明的母亲嫁给了他穷困潦倒的父亲，为此和家里闹翻了。从他有记忆以来，舅舅就十分看不起陈明一家，甚至经常冷言冷语地讽刺陈明，总是拿自己的儿子张东和陈明做比较。记得有一次，陈明过生日，妈妈给他买了一块方糕，张东却嗤之以鼻，一把打掉了陈明手中的方糕："你就吃这个啊，这不是狗吃的吗？我过生日我爸都会给我买个大生日蛋糕！"后来母亲意外去世，15岁的陈明独自离家去南方闯荡，30岁的时候已经成了当地数一数二的人物，是服装批发市场的领军人。

一天，陈明正在办公室里处理文件，秘书走进来对他说："陈总，有一位自称您表哥的人想要见您。""表哥？"儿时表哥那傲气的嘴脸和舅舅一家蛮横的态度再次出现在眼前，陈明揉了揉眉心，他不想见这个人，但又好奇十几年了，是什么让自己那个心高气傲的表哥找到自己。

于是，他让秘书把表哥叫到办公室，一进门，表哥就一把拉住陈明的手："表弟，救救我爸爸吧！"原来，舅舅家几年前就破产了，前段时间舅舅驾车出了车祸，住进了医院，现在急需10万块钱医药费，再不付费，医院恐怕就要将老爷子轰出来了。从感情上陈明当时是无法接受舅舅一家的。见陈明不说话，张东又开口了："我知道当年我爸爸做了很多对不起你们家的事，但是你放心，这钱我会写借条，一定会还你的，还请你念在姑姑和我爸爸是亲兄妹的分儿上救他一命。"提起自己的母亲，陈明的心柔软了下来，是啊，事情过去这么多年了，自己又何必再耿耿于怀，还不如借此机会化干戈为玉帛。于是，他让秘书拿了一张 10 万元的支票给张东，再没多问，也没让张东写欠条，只是说了句："好好照顾舅舅。"那一刻，他分明看到张东的眼圈红了。

一年以后，张东带着自己的父亲来到陈明家里，当面向陈明的父亲道歉，并归还了当初陈明借给他的 10 万元。从那之后，舅舅经常来家里陪爸爸下棋，张东也成了陈明公司的得力干将。后来陈明也知道，其实妈妈的去世对舅舅打击很大，他好几年才缓过来，而张东当初之所以那样对自己，多少是因为自己是孩子没有主见，左右于成年人的思想，认为自己的姑姑嫁错了人，但其实他成年之后就对自己年幼时的做法非常后悔，一直想找机会弥补，可没想到陈明是这么宽容的一个人，先原谅了自己。

宽容的力量是无穷的。荷兰哲学家斯宾诺莎曾说过："人心不是靠武力征服，而是靠爱和宽容大度征服。"如果一个人能原谅别人的冒犯，就证明他的心灵包容了一切伤害。

宽容的伟大来自内心，宽容无法强迫，真正的宽容总是真诚的、自然的。用你的体谅、关怀、宽容对待曾经伤害过你的人，使他感受到你的真诚和温暖。宽容所至，能化干戈为玉帛，仇恨的乌云也会被一片祥和之光所驱散，澄明而辽阔，蔚蓝如洗。当我们学会宽容的时候，我们就在超越自我，提升自我，使自己走向洁净的心境。

生活中，我们何必为曾经的伤害耿耿于怀呢？众所周知，学会宽容别人，也是善待自己的一种方式。学会及早地忘却，及早地原谅，及早地享受生活，生命里美丽的日子不是会多些吗？假如我们每个人都能以宽容、豁达和敦厚的心态去生活处世，就会拥有宽广的心理生活空间，任自己遨游，过上自在的生活。

▶ 将心比心，善于宽恕

在日常生活中，当有人对我们恶语相向，我们的心中难免会不舒服，从而心生厌恶之感，从此便记住这些心怀恶意的人，甚至断绝交往。但是这样的想法或者做法并不能让自己获得真正的快乐，反而还会郁郁寡欢。既然如此，何不让自己的心胸开阔一些呢？也许生活又会是另一番景象。

与人发生误会之时，就是发挥克己恕人之时。不管误会是因为什么事产生的，主动向对方解释才是上策。不能故作镇静任其发展，因为任何小误会中都隐藏着危机，都可能造成彼此间更大的沟壑。

在唐朝，有一位梦窗禅师，是当朝的国师。

有一次，禅师想要渡河，当他踏上甲板后，船家就把船划离了岸边。这时，有一位身材魁梧的大将军边骑马边喊："等等啊，我要坐船，事情很急啊！"船夫见船上乘客并不想靠岸，就对将军说："大将军啊，实在抱歉啊，您再等一班吧！"将军听此甚是着急，在岸边走来走去。

禅师见此，对船夫说："船家，您看我们往回倒一点就可以靠岸了，还是给那位心急的将军行个方便吧，他貌似真的有很着急的事情要处理！"船夫看在禅师的面上，将船划回了岸边，让将军上了船。

这个将军上船后，就急忙找寻座位，正赶上坐船的人很多，没有空座位了，于是他很是生气。后来，他看见梦窗禅师，脸上顿时就露出了狡诈的笑容，走上去就给禅师一鞭子，嘴里大骂："老秃驴，快站起来，有我在，你还敢坐着？你不看我穿的，知道我是谁吗？"这一鞭子把禅师的头部打出了鲜血，但是禅师并没有责怪他，还把自己的座位让给了他。

然而，船上的人在看见这一切时，心中都为禅师鸣不平，但是出于畏惧之心，就没有公然教训大将军，而是在底下窃窃私语："这位大将军真是缺德。因为这位禅师的请求，他才上船的，要是没有禅师，我们才不会等他呢，而他不但没有感谢禅师，还用鞭子打人，真不是人。"

议论的声音越来越大，这些话传进了将军的耳朵中，过了一会儿，他好像明白了什么，心里觉得非常对不起禅师，但是船上的人这么多，将军不好意思当众向禅师道歉。

过了一段时间后，船靠岸了，大家都下了船。而禅师独自走到水边，用河水清洗自己头上的血迹。这时，将军心中愧疚感非常强烈，一下子给禅师下了跪，对禅师说："大师，我……我真对不起你！"而禅师则微笑着说道："不要紧，出门在外总有心情不好的时候。"

这一句"不要紧"体现的不仅是大师宽广的心胸，还体现了大师高尚的品德。要拥有多么宽广的胸怀，才能平和地说出这样的话？容人之过，才是大家本色。包容别人的过错，心情也会豁然开朗，而天地自然也会开阔。

有位智者说，大街上有人骂他，他连头都不回，因为他根本不想知道骂他的人是谁。人生如此短暂和宝贵，要做的事情太多，何必为这种令人不愉快的事情浪费时间？

心胸开阔，天地自宽。心胸开阔了，无论走到哪里，都会以德服人，与其责怪他们的过失，不如让其自己反省，所产生的结果会让我们更加欣慰，也会让我们感受到真正的快乐。

▶ 有难先当，有功先让

每个人都有自私的一面，这不可怕，但可怕的就是处处自私，他们总是秉承"人不为己，天诛地灭"的行事原则，到头来朋友远离，亲戚不认。而那些善于观察的人会发现：有福先享，有难先躲的人，是很难得到别人的信任的；那些谦和大度、与人为善、处处懂得礼让的人，表面上吃了大亏，但时间久了就会发现，他们的朋友多了，愿意帮助他们的人也多了，所以，他们才是真正的人生赢家。

在与人交往的过程中，要懂得推功让利，这样才可以轻松赢得他人的认可与支持，虽然这样做可能会让自己吃点亏甚至吃些苦头，却能换来别人的信任和长远的利益。

1. 有难由己先当

一个人到一家咖啡厅去应聘，老板问了他一个问题："你给客人送咖啡的时候，眼看马上就要走到餐桌前了，却不小心滑倒了，滑倒之前，你要怎么处理这杯咖啡？"那个人回答道："我会把餐盘往旁边倾斜一些，尽量让它洒到餐桌以外的地方。"老板又问："可是这样做还是有可能把咖啡洒到客人身上啊？"那人想了想回答道："那就没办法了。"这个人没有被录取。

几天后，又有一个人前来面试，老板问出了同样的问题，这个人的回答是："我会把这杯咖啡倒在自己身上，这样就可以确保它不会再洒到客人的身上。"这一次，老板高兴地聘用了他。

虽然只是个简单的回答，但后一个应聘者却将有难由己先当的态度透彻地表明出来，最终得到了老板的赏识。

和客户相处时，有难先当不但体现出自己的敬业精神，得到领导认可，而且可以感染客户，得到客户的赞同和认可。领导的认可有助于我们工作的稳定和提升；客户的敬佩能够促使其再次光顾并帮我们免费宣传，同样可以提升个人业绩。

2. 争功不可取

一天，茶杯、茶壶、茶盘、牙签发生了争吵。茶杯说："没有我，主人就没法喝水，我的功劳最大。"茶壶反驳道："什么功劳最大，不把我沏的茶倒进你的肚子里，主人能喝到水吗？笑话！我的功劳最大！"茶盘不爱听了："如果不是主人用我把你们端到客厅，谁又能喝到茶，说到底，还是我的功劳最大。"牙签也忍不住开口了："每次主人塞得满嘴菜叶的时候，用水冲不下去，不就直接用我剔牙吗？还是我的功劳最大！"

其实这样的争执是毫无意义的，因为它们都是为主人服务的，只不过各自履行各自的职责。哪怕有功劳，也是共同努力得到的。其实在现实生活中也是如此，既然是工作上的事，没必要非要和同事之间争出个功劳大小，既然为公司做出了贡献，大家都看在眼里，即使不去争，功劳也是近在眼前的。

而且争功也很容易伤和气，同事之间，抬头不见低头见，除了休息，每天都要打交道，伤了和气就不好了，容易将自己卷入恶意竞争的旋涡，从而受到攻击。

有的人总是自作聪明见到好事就上，见到坏事就躲，其实这种看似聪明的做法在别人眼中是非常愚蠢的。路遥知马力，日久见人心。时间久了，这种人很容易陷入孤立无援的境地。

有难先当，有功先让。将功劳看淡一些，多给别人点好处，表面上自己好像吃亏的，但实际上却收获了人心，得到了好人缘，这样一来，受人举荐也就指日可待，前途也会一片光明。懂得推功让劳的人一定是个受欢迎的人；经常吃独食的人很容易受人排挤。受欢迎的人可以在众人的推动下快速前进，受人排挤的人做起事来束手束脚，最终耽误了自己的发展。

▶ 让客户盈利，自己才能盈利

在现实生活中，总有这样一些人，为达目的不择手段，为了让自己的利益最大化，不惜用次货代替好货、偷工减料。到最后，不良口碑在业内传开，客户越来越少，大生意化作小生意，小生意做到没生意。此时再去后悔，已悔之晚矣。

做生意，最忌讳的就是"一锤子买卖"，即这次坑对方一大笔，从此损失一个潜在客户。一个懂得为客户着想的人，肯定能获得一个长久合作的客户。懂得为客户着想，一次客户才能变成长久客户。目光长远，才能做长远的生意。

1. 多为客户着想

唐明今年30岁出头，和老婆一起做布匹生意，他们在全国各地进货，和同县的布行比起来，价格最低，很多同行甚至到他们家进货。

唐明的老婆见老公总是低价出售进来的货，十分不解："明明可以多卖很多钱，为什么这么低的价格就出手啊？"唐明笑着说："如果我们的客户不能从我们手里赚到钱，他们还会再买你的货吗？咱们的布匹是从全国各地熟悉的朋友那里进的货，即使低价卖也会有赚，但是客户却不是那么好发掘的。既然有这么多的老客户，我们只要把他们维持住，无非是多进几次货的事。"

的确，正如唐明所说，与客户做生意，多为客户着想，才可以得到客户的认可，为下一次的合作做铺垫。如果只顾着自己赚钱，不为客户着想，可能生意做一两次也就终止了，得罪了客户的结果就是只能再去挖掘新客户，白白浪费掉大量的宝贵时间。

2. 将客户的利益放在首位

田利鹏大学毕业以后，爸爸为他提供了创业资金，仅仅八年的时间，当年的一百万元已经变成了一亿元，跟他合作的都是一些大型企业。当时很多人都对他的创业成功感到好奇，让他解释这其中的秘诀，他只是简短地说了句："全心全意为客户考虑。"

田利鹏做生意时，总是心怀感激地对待自己的每个客户，全心全意为客户提供最好的服务，感激每个给自己项目的客户。他认为，越是真诚地对待客户，把自己的产品以最低价、最好的服务、最高的质量给客户，回头客越多，新客户越多。

田利鹏说："我明白，做装饰行业功能质量很重要，如果不抓紧，是很难走下去的。每做一个工程，换下来的旧灯具即使能完全当废品处理，我也会派工人清洗干净，包装好后帮顾客返回库里。结算工钱的时候也会在合理范围内让一些利，他们都认为我很实在，因此生意也就固定下来了。真心为别人想，企业才可以走得更远。"

当我们全心全意为客户着想的时候，客户就会真正信赖我们，将客户的利益放在首位，让他们得到实惠的同时不断赚取利益。

一个人如果不懂得将客户利益放在首位，不愿意为客户着想，那么成交之后，客户从中发现欺骗、敷衍等行为，不但会影响我们的信誉，而且会终止彼此的合作关系。我们从客户那里赚钱，当然也要让客户满意，这样才可以做到互利共赢。

3. 做生意诚信为先

甜甜是个电器推销员，曾经有一段时间，她一个月就跟四十多位客户谈成了生意。但是，后来她发现自己推销的电器比其他公司生产的同等性能的机器贵。她想："如果客户知道这件事，肯定会觉得我不讲诚信，肆意抬价。"对于这件事情，甜甜觉得心中很是不安，于是她带着签订的合同和订单，用了整整四天的时间，挨个找到自己的客户，说明情况，并请求他们解除合同。

甜甜的做法让她的客户们非常感动，没有人和她解除合同，反而非常敬佩她。后来，甜甜的订单越来越多。

做生意要讲诚信，因为诚信如同磁铁一般吸引人的目光。所以，不要有欺骗客户的心态，那样一旦被客户发现，你的信誉度将大大下降，你不仅会失去一个忠实的客户，也会在业内名声受损，失去潜在客户。

▶ 业无信不兴，人无信不立

日常生活中，诚信占据着很重要的地位。一个人如果没有诚信，那么，他的朋友就会少之又少，事业也会遭受百般阻挠，而这一切也都是由无信导致的。正所谓"人而无信，不知其可也"，意思就是说，一个人如果不讲诚信，简直不知道他该怎么办。对于我们普通人而言，无论是做人，还是成就一番事业，诚信都是必不可少的，这是一个人人格的象征。"人，以诚为本，以信为天"，一个不讲信用的人，根本无法取信于他人。

试想，如果你心存欺诈、奸恶，那么谁又敢接近你？或是被人接近一两次便看清真面目，将真相公之于众，谁还敢再靠近你？谁还敢与你交朋友或是合作？

在一个很遥远的年代，为了能让自己唯一的儿子学习更加优秀，将来能够继承他的王位，国王想给王子选一名书童，心想两个人一起读书就可以互相勉励，可以更加用功读书了。但是这名书童每天都要与王子相伴，若是人品较差，年幼的王子肯定会被带坏。可怎样才能了解一个人的品性如何呢？国王想破了头也想不到解决的办法。

就在这个时候，一个大臣主动站出来，他对国王说："想要得知一个人的品性，就要先了解这个人是否诚实。而这一点非常简单，只需一场比赛就可以得知。"国王听后，感觉很有道理，马上命人张贴皇榜，将王子要选一名书童陪读的消息昭告天下，希望有才能的少年都来报名参加。

皇榜刚刚贴出，百姓们就纷纷催促自己的儿子前去报名参与，因为陪读就可以和王子受到一样好的教育，也许还能前程似锦。选拔的那天终于到来了，前来参加比赛的少年非常多。国王命令身边的侍从给每个参加者发一粒种子，然后说："六个月后，谁的种子开出的花朵漂亮，我就让谁成为王子的陪读书童。"

少年们得到了种子，就马上赶回家种在了花盆中。在这些少年中，有一个农民的儿子。他自幼头脑灵活，爱好学习，但是因为家中条件困难，所以父母没钱让他去学堂，更没钱为他请先生。于是他十分珍惜这次机会，每天都要悉心照顾种子，给它浇水、施肥，可是过了三个月，种子还深深地埋在黄土中，没有发芽。这个少年心里非常着急，为此还专门拜访了当地许多花匠，用了各种办法，但六个月后，花盆中的种子还是没有发芽。

少年非常绝望，唯一受教育的机会也没有了。但是他认为，就算种子没有发芽，更没有开花，自己也应该完成这场比赛。于是比赛的最后一天，所有少年都捧着美丽的花朵，而这个少年却捧着一盆没有任何生机的黄土，其他人都发出了嘲笑声，但是他阔步向前走，心中不觉丢人，因为他已经用心并努力去栽培种子了。

过了一会儿，国王和王子来到了大家面前，认真地观察每个人手中的花盆，并夸赞盛开的花美丽。当国王走到这个少年的面前时，意味深长地端详了他几眼，然后面无表情地离开了。公布结果的时刻到来了，那些得到国王夸奖的少年，脸上不禁露出了欢喜之色，但是最终国王却选中了那个捧着黄土的少年。

少年们都非常疑惑，国王说："这次比赛的目的，就是为了考验你们谁最诚实，其实在把种子发给你们之前，我已经命人煮过了，种子开出花朵是不可能的。"

在日常生活中，坚守诚信，每个人都认为是应该的。但是利益当前，很多人的思想就会被贪念侵袭，"诚信"二字对于他们来说，是不能当饭吃，当水喝的。被利益冲昏头脑的人们只知道享受暂时的辉煌，不可能想到这一个谎言会给自己的生活和精神带来多大的折磨。而这些谎言早晚有一天会暴露的。

诚信是社会持续发展的基础，也是一种社会道德资源，在社会生活中扮演着非常重要的角色。诚信是社会关系的无形纽带，缺乏诚信，社会就如同断了线的珠子，散落满地。对于社会而言，诚信是建立良性的社会必备的基础原则，是社会持续发展的基础生活秩序，人类社会存在、延续的重要基石。一旦缺乏诚信，社会道德就会沦丧，市场混乱，人心惟危。在《左传》中就有记载："信，国之宝也。"意思就是说，诚信是国家的瑰宝，对内，民无信则不立，对外，国无信则不威。"诚信"的概念从最开始就是在行政环境下使用的。在现代社会中，所谓诚信建设，就是将和诚信相关的文化、制度、工具等进行有机整合，健全各种信用奖惩机制，如此才可建立健全社会诚信体系。

诚信、可靠才是经商的正道。业无信不兴，商人的飞黄腾达大部分靠的是诚信，没有信用的店面，是没有人光顾的，信用高了，来往的顾客自然会络绎不绝。而在职场中，诚信，也是非常重要的，人无诚信，就会被他人孤立，被老板轻视，被同事排挤。

▶ 和气生财，谦让得人心

中国有句古话："生意好做，伙计难搁。"一旦伙计不和了，散伙了，大家就没钱赚了。所以说，和气才是生财之道。

和气生财，说起来容易做起来难。在现实生活中，只要有人的地方就有争执，这似乎是难以避免的。有的争执是为了利益，有的争执是为了争口气。其实面对这些争执，不一定非要争出个是非对错。不管是大事还是小事，凡是通过争执达到目的的都不可取。因为争执容易伤和气，没有和气，就容易给自己树敌，影响日后的交往。凡事，若懂得谦让，即可从中得到人气。有了人气，就能受到佩服和尊敬，事情也就更容易被解决。

因小事起争执是不值得的。人这一生的时间很短暂，要做的事情很多，如果为了争得蝇头小利浪费时间，最终落得个锱铢必较、心胸狭窄的形象，很容易遭人看不起。如果是这种结局，还不如和气生财，适当谦让，虽然可能会有点小损失，但却能节省不少的时间与精力，维护自己的大度形象。

有一次，一位居士到庙里去拜见一位禅师。

居士见到了禅师，礼拜之后，便开门见山地问禅师："禅心在哪儿？"

禅师答曰："在广阔虚无中。"

居士说："为什么我没有看到？"

禅师答："因为它遍布尘世间各个角落，所以无形。"

居士又问："那何时才能现形？"

禅师答："执着于无穷的欲念时。"

居士说："我还是不明白。"

禅师说："请施主随我来。"

居士随着禅师进了禅房，禅师吩咐小和尚拿来了盐和一杯清水。

禅师对居士说："取一勺盐放于水中。"

于是，居士将一勺盐放进了清水中。

禅师说："那你现在尝尝看，这水是什么味道？"

居士用勺子取水喝完后说："咸。"

禅师又吩咐小和尚端来一盆清水。

禅师对居士说："再取一勺盐放于水中。"

居士于是取一勺盐放于水中。

禅师说："再尝一尝。"

居士再次用勺子取水喝了一口说："这次没有感觉很咸。"

禅师说："同样是一勺盐，放于一小杯清水中和放入一盆清水中的区别就如此之大，那么，如果放到更大的空间呢?"

居士恍然大悟。

这个小故事正是要告诉我们，倘若我们有一颗海纳百川的心，那么就不会为自己徒增烦恼，也就会成为世界上最幸福的人。就如那小勺盐，放入一个不同容积的水中，就让人产生了不同的味觉感受。

中国人讲究天时地利人和，但是天时和地利是客观因素，人们唯一可以主动改变的是人与人之间的关系，也就是人和。成功的商人都非常重视人和，因为不管是商家与顾客之间的和谐，还是商家和商家之间的和谐，还是商家和社会之间的和谐，都是实现管理目标和市场有序运营的基本条件之一，只有有人和的地方才可以生财。

俗话说:"能包容别人的人，必然成就一番事业。"从古至今，哪一位成功者不是有一颗包容之心。我国春秋时期的齐桓公之所以能成就一番伟业，就是因为他用一颗包容的心宽容了用箭射他的管仲，并且开始重用管仲;而管仲也正是因为齐桓公有如此宽广的胸襟，才会尽心辅佐齐桓公成就霸业。

与人交往的过程中，如果一味争强好胜，哪怕对方是个平和的人，也难免被激怒，进而引发争执。凡事如果懂得谦让，对方看到我们示好，也不愿意让人说自己小气，自然就不会发生争执了。遇到大事，更要懂得谦让，只有如此，才可聚集人气进而服众。

在工作中，和同事打交道，懂得谦让、以团队大局为重，不去做无谓的争执，不但能获得同事的好感，而且可以获得领导的认可。

▶ 给别人面子，就是给自己台阶

中国民间流传着这样一句话"面子大过天"，如果你说的话对方不听，甚至提出意见，与之相悖，你很可能当场拉下脸来，甚至与之翻脸。换位思考也是如此。所以，用一颗包容的心去看待别人说出的话，给别人面子，无论对谁都是有好处的。

陶莉莉在公司群里发了个自己做的方案，想得到别人的赞赏，却没想到群里的刘伟直接指出了她所做的方案中的不足之处，而且语气一点儿都不委婉。

陶莉莉的脸色立马变得难看起来，虽然她心里明白刘伟说的是真的，但是因为公司的领导、同事都在这个群里，她觉得面子上有些下不来，和刘伟在群里据理力争，坚持说自己没错，是刘伟错了。

杨主管看到两人在群里争得不可开交，就私信陶莉莉，将自己看出来的几点意见发给了陶莉莉，同时劝她不要再继续争吵下去了，及时修正方案，对于她而言也是很有好处的。陶莉莉觉得杨主管说的有道理，于是约杨主管晚上下班后一起吃饭，顺便细说方案的事。

刘伟和杨主管之所以得到陶莉莉的不同对待，就是因为杨主管抓住了"人都是要面子的"这一心理。

通过上面这个案例，可见面子对于一个人而言是多么重要。与人说话的时候，不仅不能伤及他人的面子，而且还要尽量帮人去维护他们的面子。如此不仅可以赢得对方的好感，而且当我们也遇到同样境遇的时候，对方也会伸出援助之手，而不是落井下石。

有人说，如果对方已经侵害到自己的利益了，还用得着去维护对方的面子吗？当然，因为即使对方侵害了你的利益，但是否造成损失还不一定。

在美国经济萧条时期，找份工作是很难的。有个小女孩非常幸运，很快就找到了一份珠宝销售的工作。一天，珠宝店里来了位衣衫褴褛的青年人，这个人满面愁容，双眼紧紧盯着柜台的宝石首饰。这时，电话铃响了，女孩去接电话的时候不小心碰翻了一个碟子，将六枚宝石戒指碰掉在地，她慌忙地捡起了其中的五枚宝石戒指，可却怎么都找不到第六枚宝石戒指。这个时候，她看到那位青年正惶恐地朝门口方向走去，也就明白了第六枚戒指的去向。

当青年刚想跨出门口时，女孩叫住他："对不起，先生。"他转过身，问女孩有什么事。女孩看着他微红的脸，不说话，青年继续问道："什么事？"女孩神色黯淡地说："先生，这是我的第一份工作，您也知道，现在的工作很难找。"青年紧张地看了女孩一脸，脸上露出一丝笑意，回答说："是的，的确如此。"女孩说："如果把我换成你，你会在这里干得很不错。"于是，青年退了回来，将手伸给她："我可以祝福你吗？"女孩立刻伸出手迎接"祝福"，同时声音柔和地说："也祝你好运。"就这样，第六枚戒指找到了。

女孩温柔、婉转的话语和尊敬的语气保全了穷困青年的面子，她像朋友一样把自己的境况诉于青年人听，让他产生了同情心。如此一来，不但没造成损失，还给青年人一次重新做人的机会。试想，如果当时女孩破口大骂，或者报警，事情一定会变得非常复杂，甚至可能一个就此变成了小偷，另一个失业。

现实生活中提供帮助的时候也要考虑对方的面子问题，如果直截了当地给钱，说一些"以后你的生活靠我"之类的话，很容易伤及对方的自尊，到最后即使你有好意对方也不肯领情。

世人对杜月笙的评价是"有天大的本事，却没有一点脾气"。不管对待什么人，杜月笙都给足对方面子。

杜月笙喜欢穿着读书人的长衫。虽然没读过几天书，却非常敬重知识分子，比如国学大师章太炎。

章太炎落难的时候，曾经在经济上遇到了麻烦，不得已私下请杜月笙帮忙，杜月笙直接将事情搞定，还是亲自到苏州向章太炎"汇报"处理情况和结果，而且是自己一个人偷偷跑过去的，为的就是顾全一代大师章太炎的面子。

临走时，杜月笙将一张钱票折成小方块，偷偷放到茶碗底下，又静悄悄地离开。之后，杜月笙每月都会偷偷接济章太炎。章太炎为人坦荡，受到杜月笙的帮忙，对方还能顾全自己的面子，所以后来他也帮了杜月笙一些忙。不仅为他改名（杜月笙本名"杜月生"），还亲自给他修订家谱，两人建立起了"平生风义兼师友"的交情。

如果说开篇所说的面子只是"脸面"和"虚荣"的代名词的话，那么杜月笙给章太炎的面子就不仅仅是面子了，更是一种情面，它是一种发自内心，载满诚意、尊重的面子。他懂得如何尊重别人，把别人放在台面上，把自己放在下面，这说起来容易，做起来难。

有句话叫作"善处下则驭上"，意思是说，善于处理和下属之间的关系，善于将自己摆在低位，即可驾驭得了上面的人了，而这也是杜月笙的高明之处。

▶ 竞争对手，是值得学习的老师

生活中，我们不仅需要拔刀相助的朋友，更需要势均力敌的对手。试想，如果世界上没有竞争，没有竞争对手，人类如何进步？每个人不管做多做少，结局都是一样的，名次都是一样，又如何激起人们奋起的心？

对手既是我们的挑战者，又是我们的同行者，是对手唤起我们挑战的冲动和欲望。因为他们的竞争使我们成长得更快，所以，竞争对手又是我们最好的学习对象。学习对手的长处，总结对手的成功经验，吸取对手的教训，避免再犯对手犯过的错误，才能更好地提升自己的竞争能力。

如果我们总是以一种"对立"的心态去面对对手，不光自己不快乐，还会因为整天处在嫉恨、恼怒的状态而难以有更好的发展。

诺贝尔读小学时，在班上的成绩一直都是第二名，第一名总是一个叫柏济的同学获得。

一次，柏济意外生了场大病，因为病情严重到无法上学，只好请了长假。这时，班上有的同学找到诺贝尔，并开心地对他说："柏济生病了，以后第一名肯定就是你的了。"

可诺贝尔并没有因此而沾沾自喜，反而把自己在学校里学到的东西做成完整的笔记，寄给了由于生病不能上学的柏济。

到了期末考试的时候，柏济仍然是班上的第一名，诺贝尔仍然位列第二。

我们都知道，诺贝尔长大后成了才能卓越的化学家，他死后把自己的全部财产捐了出来，而且设立了著名的诺贝尔奖，但却鲜有人记得永远考试第一名的柏济。

很明显，诺贝尔对待竞争对手的态度是宽容的，他并没有因为对方比自己强而乘人之危、幸灾乐祸，而是尊敬对方、帮助对方。对竞争者的态度可以看出一个人的格局，进而影响到他的发展。

学习对手，欣然以对手为"师"，虚心观摩学习对方的长处，这不仅是一种态度，更是一种思路、一种赢的策略。学习竞争对手身上的优点，把对方当成自己事业上突破的一个动力，这样你就会收获人际和事业的双成功。世界著名大公司都非常注意竞争对手的产品，认真分析对手的优缺点，发现对方的优点就及时学习，以补己之短。

沃尔玛公司是一家世界性连锁超市，其创始人山姆·沃尔顿在经营中很注重向竞争对手学习。他总是喜欢跑到竞争对手的商店中去，看看他们有什么经营方式、商品陈定价、商品陈列方式比自己的强，然后就把它们录在录音机里或记在笔记本里，回来之后认真揣摩，设法让自己做得比别人更好。

"向竞争对手学习，然后走自己的路。"这是他常常挂在嘴边的一句话，一旦发现竞争对手有先进的做法，即便是一个很小的细节，他也会立刻变为己用，并努力做到更好。其早期的竞争对手斯特林商店开始采用金属货架来代替木制货架，沃尔顿发现了金属货架的优点后，很快成为全美第一家百分之百使用金属货架的超市；沃尔玛的另一家竞争对手富兰克特特许经营店实施自助销售时，山姆·沃尔顿先生连夜去学习，回来后开设了自助销售店，当时是全美第三家。正是这样时刻注意向竞争对手学习，才使得沃尔玛稳坐世界500强之首。

在如今激烈竞争的商战中，当你的实力暂时无法与对手抗衡时，不管你是选择逃跑，还是殊死一搏，都是愚蠢的行为，最明智的做法是先向对手学习，然后再赶超对手。

1. 以对手为师，弥补自己的不足

以对手为师，向对手学习制胜之道，可以节省我们的精力和成本；从对手那里学习失败的经验，可以让我们少走弯路，少受挫折。马云在《马云点评创业》中曾说："我认为选择优秀的竞争者非常重要，我们要善于选择好的竞争对手并向他学习。"竞争最大的价值，不是战败竞争对手，而是通过向竞争对手学习弥补自己的不足。

向竞争对手学习是自我增值的方式之一。在这个快速变革、竞争白热化的时代里，每个人都在面临着各种各样的生存压力和挑战，向竞争对手学习，就是摆在我们面前最现实、最有效的成功捷径。

2. 把对手当成前进道路上的动力

生活中，每个人都有长处和短处，不要把竞争对手当作你成功路上的绊脚石，而是应该把它看作是你继续前进的动力。正因为他的存在，才能激励你更加努力。如果遇到困难不是迎头赶上，提高

自身的能力，而是灰心丧气，失去斗志，采取逃避的态度，那么你在任何地方都会碰壁。

向竞争对手学习，不仅是方法的问题，还是格局的问题、思想的问题、境界的问题。每个人身上都有值得我们学习的优点，尤其是在竞争日益激烈的今天，向你的竞争对手学习，不断完善自己，不断提高自己，越来越显示出其必要性和迫切性。

▶ 职场关系，谦虚是最好的相处方式

"哼，虽然刚进公司不久，可是我是名牌大学毕业的啊，为什么要我向那些学历没我高的老同事点头哈腰？"其实在工作中，我们经常会听到有不少的职场新人会这样抱怨。作为一个刚刚进入职场的新人，对于这些以后将要相处的同事，真的是惹不起也躲不起。所以，新人通常只能在暗地里抱怨个不停。

其实，不知道大家有没有想过，为什么这些老同事可以在新人面前"指手画脚"呢？为什么关键时刻，你还是要乖乖地请他们出马呢？如此看来，"倚老卖老"显然也必须具备一定资本。如果你想拥有这样的资本，那么就应该明白在职场中一定要谦虚谨慎的道理。

裴欣欣在一家广告传播有限公司工作。一次，公司接到了一个新案子，原来是某位艺人的经纪公司打来的电话，需要他们做一个影片的宣传方案，所以公司要制作一系列的流程准备方案。

当裴欣欣和一帮同事听说这位艺人之后非常高兴。因为裴欣欣也是一个追星族，年轻刚刚入行，很多规矩不懂，所以就把这位艺人的流程一股脑儿地全都在 Fans 网上发了出去，而且还组织了很多影迷一起参加。当对方的经纪公司知道以后，非常恼火，因为艺人的行踪已经提前暴露了，结果一个电话打了过来，威胁说要取消这次宣传活动。

这可把裴欣欣吓得都要哭出来了，毕竟公司的准备工作都已经做好了，一旦取消，那么这么大的损失自己也是承担不起的。就在这个时候，平日里经常让裴欣欣做这个、做那个的经理助理王小佳，二话没说就拿起电话给那边的经纪人打了过去，并且以公司的口吻向对方道歉，并强调这只是个人行为，然后又说这样的暴露只是给歌迷后援会一个通知罢了，并没有像对方想象的那么严重，而且到时候歌迷还能够起到积极的推动作用，最后又稍微提了一下合约的问题，白纸黑字的合同，不可能说毁约就毁约。

王小佳沉着冷静、谨慎的态度，最终让对方有了缓和的态度。挂掉电话，办公室主任立马就对裴欣欣说："你可要好好向小王学着点啊。"

俗话说"老将出马，一个顶俩"，即使你不是刚刚毕业的新人，但是在工作中，面对有经验的老前辈，不管是年长年幼，该低头的时候就一定要低头。因为有的时候，这些人可能在关键的时候，就是那匹从马群中杀出来的黑马，你不服是不行的。

千万不要因为自己年轻，自以为有了知识就目中无人。新人永远都要试着退居二线，毕竟老将的实力是摆在那里的。刚刚进入公司的年轻人，对于公司的整套流程都不太熟悉，而且在公司也没有自己的人际，形单影只，所以非常需要谦虚谨慎的态度。

虽然新人有一些新鲜的想法这是好事，但是缺乏大局观念，全盘考虑就显得不合时宜了。老人指出新人的错误，其实无非是希望新人能够尽快成长，以后才能够担起大任。如果新人连这点承受能力都没有，那么以后的大事多了去了，怎么能够承受得起呢？

当然，学会向职场老手低头，并不是让你学着忍气吞声，如果对方是刻意地去刁难你，或者是向你挑衅，那么你也要学会反驳。毕竟每个人都有为自己争取利益的权利。但是有的时候，也不能够太过于莽撞，以至于让彼此的关系变得很僵。

其实，在我们每个人的心中都有一把尺子，衡量着自己与他人之间的长处与短处。正所谓吃的盐比你走的路还多，老将的优势当然是在与新秀们的对比中显现出来的。可见，如果想要让自己的职场之路走得更顺，那么就应该多低低头，听听老人的经验之谈吧。

蔡玉玲是一家公司的总经理秘书。其实，秘书这个职位在公司里面不算很高，但却是和总经理走得最近的。所以，平常公司里面的下属部门同事都对她非常的好。因为每次总经理出门都需要用车，而蔡玉玲自己又是总经理的秘书，所以自然这事就属于她的管辖范围了。

而公司里面的后勤宋莉莉是一个很难相处的人，原因就在于这位宋小姐说话尖酸刻薄，对任何人都是爱搭不理的。虽然说只是负责派车，工作也并没有多少技术含量，可是每当各部门人员要外出用车的时候，都必须向她赔笑脸，说尽好话。

　　而蔡玉玲本身就十分傲慢，自是看不惯这样的人了，心想本来这也是她的工作，为什么宋小姐非要摆出一副趾高气扬的样子呢？虽然心有不满，但是自从看到一些跟她有相同想法的同事在宋小姐面前纷纷"溃退"之后，蔡玉玲就开始意识到：环境是不可能改变的，只有先让自己放下身段去找她，因为毕竟是自己有求于她。

　　于是，蔡玉玲开始改变策略：在向宋小姐订车之后，并没有着急放下电话，而是和她在电话里闲聊几句；工作做完的时候，也会主动到办公室里面找宋小姐聊天，诉说生活中的困难等。

　　就这样，渐渐地蔡玉玲跟宋小姐越来越熟，她们成了无话不谈的好朋友。订车对于蔡玉玲来说自然再也不是难事了。

　　由于宋小姐来公司的时间比较长，对公司的一些事情看得比较透彻，所以，她也会经常就蔡玉玲遇到的难题发表自己的看法，这些看法为蔡玉玲的工作带来了极大的启发，给刚刚来到公司的蔡玉玲提供了不少可供学习的建议。

　　聪明的职场人士都明白，和别人相处是一门艺术。不论是在工作中，还是处世的其他方面，都有可能会遇到自己无法解决的事情，这些并不是你硬碰硬就能够解决的。所以，对于娇生惯养的人来说，你需要放下自己的高姿态，然后用和缓的口吻和别人进行商量，只有这样才是恰当的处世之道。

　　我们每个人都有一种想做重要人物的欲望，让别人觉得自己很重要，那么对于刚刚进入职场的年轻人来说，应该如何去请教问题呢？

　　在进入社会工作之后，不管是处在哪个层次的人，都不妨尝试用求教的态度，这样你在处世中才能够赢得漂亮。否则，即使你赢了，日后也会遇到很多无奈的事情。有些上司也许并不是能力上比你强，也不见得时时刻刻都能够兼顾到各个细节，难免会出现一些失误，或者是有闪失的时候。而下属如果发现，或者是有一些自认为更好的方案，那么求教的方式一定要让上司既不失颜面，又能够心悦诚服地接纳与采用。

想要在社会上立足，被别人认可，那么我们就必须保持谦虚的心态，放下那颗傲慢的心，在请教别人的时候懂得放下身段，如此才能够顺利处理事务，成功之路到处都是康庄大道。

第 四 章

苦中作乐，努力奋斗养果实

▶ 正视失败，才能笑看人生

现实生活中，经常存在这样一种状态：很多事放在别人身上自己就看得开，轮到自己就看不开。其实，这都是心态在作怪。很多时候，对待自己也应该像对待朋友那样，忍受自己的缺失，鼓励自己去改善。

人在这漫长的一生中，不可能顺顺利利走完，遇到风风雨雨在所难免。面对失败，有的人敢于挑战、打败它；有的人却畏惧它，在它的威压之下一蹶不振。其实很多时候，失败会引发消极情绪，消极的情绪如同一个内在的敌人，随时都有可能伺机而动，必须时刻提防。然而，失败并不一定要消极，失败是人生的必经之路，情绪却可以被化解。如果我们能在遇到挫折、遭遇失败的时候调整好自己的心态，积极地去面对，重新振作，那么成功则指日可待。

失败其实不可怕，可怕的是缺乏正视失败的勇气，一旦丧失这种勇气，就会被失败所纠缠，难以摆脱其困扰。

项羽号称西楚霸王，他实力雄厚，但刚愎自用，独断专行，后被刘邦、韩信设计，陷入十面埋伏的窘境，被杀得惨败。项羽杀出重围之后，带着剩余的人马退至乌江西岸，当时将士们规劝他渡江东归，日后东山再起。

然而，此时的项羽却是心灰意懒，并没有采纳大家的意见。思往日之披靡，再看今日之落魄，再也没有东山再起的勇气。他对将士们说："我渡江又能怎样？我项羽当初带着江东子弟八千，渡江西去，挥师几千里所向无敌，逢战必胜。如今一战，江东子弟全部丧命于此，只剩我一个人渡江东归。哪怕江东父老爱我、怜我，他们不计较我的失败，继续拥立我为王，又能怎样？我已经没有脸面再去见江东父老了。"说完，项羽在江边拔剑自刎。

正是因为项羽无法正视失败，才会在最该意气风发的年纪走向人生尽头。如果他能调整自己的心态，坚定自己的内心，勇往直前，东山再起，抑或是他能像勾践那般卧薪尝胆，蓄势待发，那么历史改写也不无可能。

1. 敢于面对失败、挑战失败

失败对于任何人而言都是残酷的，也是深刻的教训。如果敢于面对失败，就能从失败中总结原因，找出取得成功的经验，为获得成功提供积极的帮助。所以，失败出现的时候，切不可灰心丧气，要勇敢地去面对它，把它当成是走向成功的垫脚石。

没有人是常胜将军，而世人往往只看到了成功者的辉煌，却不曾看到他们一路的彷徨。其实，一个人的成败完全取决于他的心态。如果因为几次失败就灰心丧气，那么很难成为胜利者；如果将失败看成人生路上的宝贵经历，看作是成功的洗礼，然后正视它，挑战它，那么成为成功者也就不是什么难事了。

2. 从哪儿跌倒，就从哪儿爬起来

跌倒了，要有重新站起来的勇气，那么，这就不算是真正的失败。如果没有这种跌倒了再站起来的勇气，那么孩童可能就永远无法学会走路了。而一个在人生道路上经历失败却不敢爬起来的人，最终只能是个彻彻底底的失败者。

▶ 认准的路，咬紧牙关走下去

在前进的道路上，勇往直前是毋庸置疑的。但是，这条路上同样充满了艰难险阻。当我们认准一条路准备勇往直前的时候，突然发现前方出现了难以逾越的鸿沟。这时候，一定不要放弃，调整好心态，鼓足勇气，继续前行。在跨越鸿沟的过程中你可以不断充实自己，还可以抓住机会好好表现自己，彰显实力，获得成功。

王宝强是知名演员，很多人羡慕他的成功，却不知他多年来为了圆自己的演员梦所受的苦痛。

王宝强出生于河北南和县一个农村家庭，8岁时他就有一个电影梦，当过少林寺的俗家弟子；14岁离开少林寺去北京寻梦，一路艰辛自不必说。他得到的第一个角色是清朝子民，剃了光头，拖着个

假辫子，穿着长袍马褂，在大街上"溜达"了一整天才赚20块钱。虽然酬劳少，但是能拍上电影，他是打心眼儿里高兴，即使是小角色也非常上心。

因为在少林寺学过武术，王宝强还经常在各大剧组担任武打替身。水泥地上没有任何保护措施的时候，他要一次次登上高高的梯子，一次次摔下来。当时的他收入很低，有时候一天几十块钱，有时候只有两顿盒饭，更有的时候连跑龙套的活儿都接不上。为了维持生计，他做过很多苦力活儿，可即便如此，他都没有放弃自己的演员梦。那些奚落、嘲讽统统被他当成追梦路上的小石子踢开了。

功夫不负有心人，终于，他凭借《天下无贼》《士兵突击》等影视作品走红，又自己担任导演拍电影，不仅实现了自己的演员梦，还在演艺的道路上越走越远。

现实生活中，我们每个人都有自己的梦想，但是又有几人能把梦想坚持下去呢？路在自己脚下，只有靠自己走下去，才能走出属于自己的道路。对于自己认定的路，不找借口，不能存有侥幸心理，只有一往无前，披荆斩棘，才能最终实现自己的目标。

当你有了自己的目标之后，不管遇到什么困难，都要坚持下去。只有这样，成功才不会与你擦肩而过。

马丁·库帕是世界上第一部手机的发明者，发明手机之前，他还有这样一段鲜为人知的故事：

大学毕业之后，库帕很长时间都没找到工作，生活艰辛。走投无路之下，他决定到无线电公司去看看，或许会有人雇用自己。这个公司在无线电领域中占有一席之地，对于从小就痴迷无线电的库帕而言，它有着独特的吸引力。库帕觉得，只要自己可以留在这家公司，肯定可以学到很多知识，也可以为以后在这个领域发展打下基础。

终于，库帕鼓足勇气来到总裁乔治的办公室，这个时候的乔治正在专心研究无线电话，看到自己一直以来所崇拜的偶像，库帕顿时变得紧张，他努力调整了一下自己的情绪，走到乔治的办公桌前，对他说："尊敬的乔治先生，到贵公司任职是我一直以来的梦想，希望您能给我一次机会。"他刚想继续说下去，乔治却打断了他的话，不屑地问："请问你以前接触过无线电吗？"

库帕回答道："我今年刚大学毕业，没有这方面的经验，但是我对无线电领域非常感兴趣，希望您可以给我个机会。"这个时候的乔治已经有些不耐烦，说道："我的公司不欢迎一个没有任何从业经验的人，你走吧。"

库帕被乔治无情的话语所伤，但他并未灰心，暗自下定决心一定要在无线电领域闯出一片天地。几年后，纽约街头站着一名男子，正在用自己的手机给他曾经的偶像乔治打电话，他就是马丁·库帕。乔治怎么都没想到，这个当年被自己拒之门外的年轻人竟然真的研发出了无线移动电话——手机。后来在一次采访中，马丁·库帕表示，正是因为当年乔治拒绝了自己，才让自己拥有了前进的动力。

从马丁·库帕的经历中我们不难看出，哪怕前路坎坷，只要坚定想法，就有希望创造出属于自己的契机。认定目标之后，哪怕没有学习的平台，也要想办法去学习，为以后的成功打下基础。

漫漫人生路，能真心陪伴你的人不多，幸运的人可以遇到一个体贴入微、陪你终老的人，可即便如此，这个人也未必时时刻刻都能陪在你身边，陪你走过风雨。大多数时候，我们都是孤身一人。即使这样，也要咬紧牙关走下去，没准走着走着路就顺了，身边的风景也美了。

路是一段一段的，再难走的路，只要咬紧牙关走下去都能走过冬天，走到春天，迎来属于自己的一片天。有的路，从你选择的那一刻开始就注定曲折，这条路上有抱怨，有委屈。然而走过之后你会发现，正是这其中的曲折让你体会到了和别人不同的滋味，认识、理解了更多，变得更加坚强、成熟。这就是人生的一种经历，无论如何，路总是要往前走的，人总是要向前看的。

▶ 过去的打击，今天和明天的激情

人生的道路并不平坦，一路走来充满了曲折与坎坷。很多人习惯于生活在对过去的回忆之中。有的是对过去的美好充满回忆，无法面对现在的残酷现实；有的是觉得自己过去不如人，这种状况难以改变，无论如今怎么努力，将来都不会比别人强；有的是陷入过去的伤痛之中，至今难以自拔……然而，不管是上述哪种情况，都使得他们对现在的生活失去了激情。

总想着过去其实是没有任何意义的，它既不会给我们增加什么好处，也不会为我们减轻什么负担。过去的早已成为湮没于历史的尘埃，如今的你，应该将它彻底放下，迎接更美好的明天。

埋葬过去，不要让它对我们的现在和未来造成负面影响。如果一个人总是用过去的眼光衡量现在和未来所发生的事，那么他将很难有长远的发展。

在一个少管所里，曾经生活着这样一群孩子，他们都是不良少年，有的吸过毒，有的杀过人，其中有个女孩甚至在一年之内堕胎三次。家长和学校都已经对他们不抱希望。但是少管所并没有放弃他们。新学年开始的第一天，一位女老师接管了这个班，她的到来使这群孩子发生了改变。

新老师到来之后，并没有像以前的老师那样对他们进行整顿，而是给他们出了一道选择题，有三个候选人，分别有不同的经历：A. 相信巫医，有两个情妇，吸烟多年，嗜酒如命。B. 曾经两次被老板赶出办公室，每天都要睡到中午才起床，而且每晚都要喝近1升的白兰地，曾吸食鸦片。C. 曾经是国家的战斗英雄，有着素食的习惯，不吸烟，只是偶尔喝点酒，而且还是啤酒，年轻的时候没做过什么违法的事情。

老师让学生们从这三个人中选出一位他们觉得将来可能会造福人类的人，孩子们都选择了C，而老师却说："孩子们，你们都错了，其实这三个人我们都很熟悉，他们都是'二战'时期的知名人物：A是富兰克林·罗斯福，身残志坚并且连任四届美国总统；B是温斯顿·丘吉尔，是英国历史上最有名的首相；C是阿道夫·希特勒，一个夺取了无数无辜生命的恶魔。"

孩子们都愣住了，他们简直不敢相信自己的耳朵，老师看到他们如此惊讶，语重心长地说："你们的人生才刚刚开始，荣誉或耻辱也只代表着过去，而不是代表着未来。真正能代表一个人一生的是他的现在和将来所做的成就。孩子们，从过去的阴影中走出来吧，从现在开始，做自己想做的事情，只要你们心怀希望，你们也会成为不起的人才。"

老师的这番话让这群孩子幡然醒悟，他们不再活在过去的阴影里，而是痛改前非，重新做人。多年以后，这群孩子中的很多人都在自己的行业中取得了不错的成绩，有的成为心理医生，有的成为法官，有的成为航天员，就连班上个子最矮，平时最喜欢捣乱的人也成了华尔街的基金经理人。

忘记过去，你便可以重新开始自己的人生，改变自己的人生。过去永远只属于过去，不管是荣誉还是失败，都不可能一直延续下去，只要积极地面对生活，就能改变过去的一切，得到应有的荣誉，为自己创造出属于自己的辉煌。做自己想做的事情，用内心的热情去追求理想，这样你就能发现，我们的未来和过去并没有什么关系。

对于任何人而言都是如此，只有埋葬过去，埋葬自己的历史，才能释放出自己对梦想的热情，才能让梦想变为现实。不管过去幸与不幸，都不该让它牵着自己的那颗心，影响自己前行的脚步。

▶ 还有希望，再艰苦也要挺过去

人生之路漫长，很多时候，从一路失意走向成功虽然不容易，但是从半路失意走向成功会更难。只要有希望，人就该有奋斗下去的勇气。一个人如果在面对困难的时候丧失了希望，一生都可能会变得黯淡无光；反之，如果能从绝境中寻找到希望，那么任何困难都不在话下。

一位煤老板破产了，他走到高架桥上，想跳下去一了百了。正当他闭上眼睛准备往下跳的时候，电话铃声响了，是自己的妻子，妻子在电话中叫他回去吃晚饭，他刚要拒绝，妻子继续说道："其实早在很久以前我就存了一笔钱，足够你东山再起和女儿念书。破产这件事你只要吸取经验教训就可以了，不必太过挂怀。"听了妻子的话，煤老板打消了自杀的念头，回家陪老婆孩子吃饭去了。

而后，妻子又对女儿说："虽然你爸爸在生意场上暂时失意，但是只要我们的生活比以前稍微艰苦一些，还是能挺过去的。别怕，妈妈早就存够了你上学的钱。"

就这样，煤老板踏踏实实开始了自己东山再起的历程，女儿也在学校认认真真地念书，并开始利用课余时间赚取学费，直到供自己读完大学。而此时，煤老板的二度创业也已经有了起色。

那段时间，全家人都非常珍惜这笔存款，没有人打它的主意，只要知道有它的存在，他们就都踏实了。当一切顺风顺水的时候，煤老板和女儿开玩笑地问妻子："你究竟给我们存了多少钱啊?"妻子却说道："其实家里并没有存款。"煤老板和女儿先是愣住了，随后又都明白了，妻子只不过用"存款"给予煤老板和女儿希望，而也正是因为有这个希望，煤老板的事业才能再度取得辉煌，女儿才能顺利完成学业。

希望可以给跌倒的人动力，让他有爬起来的勇气；希望可以给人面对困难不退缩的勇气，只要有了希望，我们就会有战胜困难的力量。心怀希望，是一个人最好的资本。希望可以让人远离悲观，信心常在。等到绝望降临、失去信心的时候，希望总能给人最强劲的动力，最终带领我们走向光明。

有这样一则故事：两个旅行者在沙漠中迷了路。其中一人去找水，留下枪给另一人，让他每隔一小时鸣枪一次，用于指引自己归来的方向。6个小时之后，眼见同伴回来的希望渺茫，持枪者将最后一颗子弹射向自己的头部。而这个时候，他的同伴正捧着水往回赶……

影响人一生的因素除了环境、遭遇之外，还包括面对困难时所持有的信念。一个人的内心是否有走向光明的希望和走出黑暗的信心，就决定了这个人最终是否能够取得成功。人这一生，拥有的东西有限，不能拥有的东西比比皆是，不管失去了什么，都不能没有希望。只有带着希望，满怀信心，才能迎接新的一天。

多一次逆境，多一分成熟，也就多了一次创造奇迹的机会。不管发生什么事，都必须拥有坚持不懈的信念。当你感觉自己走不下去，苦苦挣扎之时，想想那些历经千难万险取得成功的人，坚定继续向前的信念。宁愿跑起来跌倒无数次，也不愿规规矩矩地过一生。即使跌倒，也必须豪情万丈地笑。不要生气，但要争气；不要看破，但要突破；不要嫉妒，但要欣赏；不要拖延，但要积极；不要心动，但要行动。

人生就像一场马拉松比赛，获胜的关键并非瞬间的爆发，而是途中的坚持。即使你有千百个理由放弃，也要给自己找个坚持下去的理由。很多时候，成功就在那多坚持的一分钟里，这一分钟不放弃，下一分钟就有了希望。只是我们并不知道这一分钟的胜利发生在什么时候，所以，坚持到最后才能看到属于自己的风景。

▶ 祸福相生，不幸是磨砺的课堂

很多人抱怨命运待自己不公，觉得自己生不逢时、怀才不遇，而身边都是一些酒囊饭袋，不识才！或者在自己经受某些挫折和灾难的时候抱怨自己倒霉，嫉恨别人的"一帆风顺"。然而事实上，这天下哪有真的一帆风顺的人？人这一辈子，祸福相生，很多你所经受的不幸其实都是一种磨砺，一种促进你成长、进步的必备品。

俗话说"是福不是祸，是祸躲不过"，遭遇不幸时，抱怨是没有用的，要学会用平常心去面对，用平常心去对待。要知道，不幸只是表面或暂时的，千万不要被不幸蒙蔽了双眼。只有揭开不幸的面纱，我们才会发现，正是因为有诸多的小不幸，才让我们避免了大不幸。

2015年4月，马原在新书《逃离》中袒露了自己病后的心路历程：60岁的他，直面死神的威胁，改变了自己的人生轨迹，同时赋予生命新的能量与契机。最后，他不但战胜了死神，而且找到了人生和爱的支点。

2008 年，马原突然得了带状疱疹，前胸后背长出成片红疹，疼痛让他无法自由活动，后来检查出肺部长了 6.5 毫米×6.7 毫米的肿块。经过一段时间的肺部穿刺手术后，马原决定：如果它是良性，就开膛破肚将其取出；如果不是，那么生命也就进入了倒计时。马原将生命做了两种规划：一种三年，一种三十年。马原最终放弃了手术与药物治疗，带着新婚妻子远走海南、云南，践行最后的三年之约。

此后，他谢绝了所有的社交，将所有的时间用来陪伴自己的妻子，后来当他得知与妻子有了爱的结晶的时候，他产生了活下去的信念。

马原一直渴望当个画家，但却没有实现。借着这个时机，他拿起画笔，置办了两个画架，买了全套进口的油画颜料，开始了自己的画画生涯。他画过怀孕的妻子；紫色的大海；擦身而过的两条鱼；将自己画成佛像般平静的金色面孔，眉心降落着一只红色的七星瓢虫……到此时，马原已经不再抱怨，他甚至感谢这场大病让自己实现了埋在心底的愿望。

2010 年，马原被媒体重新发现，几部当教授时的讲稿陆续面世，让他在当年成为年度十大精英之一。他的画作也被很多人认可，他再次执笔写起了小说《牛鬼蛇神》……

在 2012 年的一次远足中，他被西双版纳的南糯山迷住了，于是决定举家搬迁。如今的马原不仅是孩子的父亲，还是油画家、小说家，当他再次去体检的时候，发现身体已经康复。

如果没有看到故事的结局，如果这不是一个名人经历的众所周知的事实，我们可能很难相信，可能会认为这是一个悲剧。

其实现实生活中，患癌者并不在少数，然而能这般积极地面对癌症的人少之又少。很多人都有这样的发现，癌症患者被查出癌症之前与常人无异，查出之后虽然一直在接受治疗，但身体状况每况愈下，最后短短一两年就去世了。其实，这和患癌者本身的消极心理有很大的关系。因为他们一直都以"我没救了""我完了""太痛苦了"等消极心态面对生活，最终不得不向病魔低头，走向人生的终点。

人生总是祸福参半，保持得而不喜、失而不忧的心态，生活才能更加圆满、愉快。这样不管是否不幸，都可以从容应对。

"塞翁失马，焉知非福"，风雨之后现彩虹，那个时候的风景才是最美、最值得珍惜、最令人回味的。如果人生总是一帆风顺，你便会觉得枯燥乏味，挫折如同人生中的调味品，它能让你更努力地去争取成功、珍惜幸福。因为只有来之不易的东西，人们才会去珍惜。

如果一直面对的都是快乐美好的时光，当不幸来临时，人就会很难承受，哪怕在外人眼中非常微小的失败，你都会难以承受。得之淡然、失之坦然、顺其自然，方得幸福之真谛。

▶ 身处逆境，才得重生

下面是一则关于老鹰的故事：

两只小鹰破壳而出了，它们的妈妈每天都会从很远的地方叼肉来喂养它们，希望它们长大之后能和自己一样直击长空。但是好景不长，就在两只小鹰准备试飞的时候，妈妈被猎人打死了，一整天也没有回来。

饥肠辘辘的小鹰哥哥对弟弟说："妈妈一天一夜没回来了，一定是出了意外，我们明天早上就自己试飞吧。"小鹰弟弟将脖子伸出巢穴之外，下面是几百米高的山崖，万一自己的翅膀打不开，肯定会摔死的，但愿妈妈明天回来吧。

第二天一大早，天刚蒙蒙亮，小鹰哥哥就叫醒弟弟："快醒醒，我们准备试飞吧！"小鹰弟弟探了探头，退缩了。突然，山崖旁传来了"叮叮当当"的声音，原来是有人过来采草药，他们发现了巢穴里的小鹰，非常开心。其中一个人就爬到了悬崖边，小鹰哥哥一跃飞出了巢穴，它奋力地挥动翅膀，一次又一次，终于从直线下落变成了缓缓上升，最终落在了一处平缓地带，它很开心，因为自己学会了飞翔。可是想到还在巢穴里的弟弟，它又十分担心，心想一定要救回弟弟。

那个人将小鹰弟弟带回了家，他非常喜欢这只小鹰，每天给它上好的肉糜和内脏。渐渐地，小鹰弟弟适应了人类的生活，每天与院子里的鸡鸭嬉戏。天长日久，它竟然忘记了自己是一只雄鹰。

刚学会飞翔的小鹰哥哥因常常捉不到猎物，饥一顿饱一顿，风餐露宿，一个月下来，瘦了不少，但翅膀却变得越来越结实、有力，它已经能很好地掌握飞行的技巧了。

一天，小鹰哥哥看到一只老鹰在庭院里和鸡鸭们嬉闹，它觉得好奇，落到墙头的时候才发现，竟然是自己失散了一个多月的弟弟，它赶忙飞到了小鹰弟弟的面前："弟弟，你还认识我吗？我是哥哥啊！"小鹰弟弟也认出了哥哥，兄弟俩抱头痛哭，泣不成声。小鹰哥哥想带弟弟一起遨游长空，而小鹰弟弟却希望哥哥和自己一起留下来享受安逸的生活，两人发生了激烈的争吵。最后，哥哥只得摇头叹息离开了，临走前语重心长地对弟弟说了一句："你已经忘记自己是一只雄鹰。"

日子一天天过着，一天，主人不在家，黄鼠狼来家里偷鸡，鸡鸭们都跑到了自己的笼子里，只有小鹰弟弟无处可逃。一开始黄鼠狼还有些害怕，但是慢慢地它观察到，这是一只不会飞的老鹰。回想自己偷鸡这么多年，还没尝到过高傲的老鹰的滋味，它便起了试探的心思。它一个箭步朝着小鹰弟弟扑过去，而小鹰弟弟想要展开翅膀像哥哥那样飞翔，却发现自己的翅膀没有力气，身子又太过肥重，根本飞不起来。黄鼠狼见它毫无反抗之力，更加肆无忌惮，直接咬住小鹰弟弟的脖子，拖着它扬长而去……

这个故事告诉我们，今天的安逸，可能会造成明天的残酷。凡事要未雨绸缪，不可以懒惰，因为只有勤劳的人才能收获成果。

在竞争激烈的人生擂台上，小鹰弟弟的故事每天都在上演。很多人过早地选择了安逸，找一份看似轻松稳定的工作，便安然自得地享受着悠闲自在的生活。本以为人生苦短，不过是随遇而安。然而一旦危险来袭，最先受苦的就是这些贪图安逸、不求上进的人。所以，我们不应安于现状，对现在所拥有或所期盼的事情感到满足，更不要为了现在一点的成就而放弃了应有的奋斗拼搏精神。

1. 年轻人，还要拥有奋斗的心

但现在好多人都忽略了这一点，在每一天的浑浑噩噩、忙忙碌碌中活着，在最该奋斗的年纪，他们选择了安逸，那么未来便不可期。网络上有这样一段话："20岁的贪玩，造就了30岁的无奈。30岁的无奈，导致了40岁的无为！40岁的无为，奠定了50岁的失败。这就造成了一辈子的碌碌无为！"成功的人生等不得，请不要在该奋斗的年纪选择安逸，否则，当父母需要你时，除了泪水，你一无所有；当孩子需要你时，除了惭愧，你一无所有；当自己回首过去时，除了蹉跎，你还是一无所有！、

2. 奋斗是成就梦想的前提

只要你拥有了一个自己想得到的东西，自己想达到的梦想，那么这种奋斗精神就会成为你积极进取的动力，因此奋斗与梦想是紧密相连的。只要有了奋斗精神，还怕梦想不能实现吗？梦想是美好的，每个人都希望自己能美梦成真，但我们也要问问自己：你奋斗了吗？你为自己的梦想播种耕耘了吗？努力是通向理想的必经之路，而奋斗是通向理想的必要条件。人的一生只有一次，只有不懈地努力与奋斗，才能战胜人生中的激流，找到那条梦想之路，跳过梦想之门，得到属于自己的胜利果实。

3. 别在该奋斗的年纪选择安逸

你必须对自己狠一点，趁年轻，拼一拼。年轻的时候不拼搏、不折腾、不吃苦，难道等年华逝去的时候去抱怨、去后悔、去不甘吗？如果你遇到一时的享乐而心有所动、不再向前，那么早晚有一天，享乐的心态蔓延下去，会麻痹你的紧张神经，让你时刻处于放松状态，犹如被慢火加热的青蛙，最终丧失掉跳出来的能力，被安逸熬成蛙汤。

▶ 悲伤总是短暂的，快乐才是长久的

悲伤的情绪经常会蒙蔽人们的双眼，让人对未来充满迷茫。此时，你必须坚信，时间是治愈一切的良药，只有坚持下去，才能看到未来。

中国有句俗语："家家有本难念的经。"在成长的过程中，每个人都会遇到一些困难和挫折，这是在所难免的事情。如果在困难和挫折来临的时候，我们始终以悲伤的姿态去面对，那么悲伤的情绪就会越积越多，最终将我们变成悲观绝望的人。

对于悲伤的情绪，我们不仅要及时释放，更要坚信悲伤的事情不会一直纠缠着我们。只要能够保持坚强，一切悲伤都将过去，我们一定可以获得幸福和美好的生活。

在不幸和悲伤来临的那一刻，我们或许会产生天塌地陷的无助感觉，可是在经过时间的冲刷以后，当我们再去回忆那些事情的时候，也许连自己都无法理解当时为何会有那般悲伤的感受。就拿失恋来说，很多人在失恋的时候会觉得整个世界都是黑暗的，悲伤感甚至会让一些人做出自残之类的不理智举动。可是在十年之后，很多人能够想起的大多是恋爱时的快乐，而不是失恋时的悲伤。要相信，悲伤是一种短暂存在的情绪，它并不是我们无法摆脱的梦魇。

克里斯托弗·里夫因出演超人这一角色而为人熟知，但是在现实生活中，他也只是一个普通人，他所遭受的悲伤和痛苦，甚至比普通人要更多一些。

1995 年，克里斯托弗·里夫在一次马术比赛中不幸从马背上摔下，导致他的颈椎严重受损。医生需要动手术才能将他的颅骨和颈椎重新连接在一起，这个手术风险很大，医生不敢保证手术一定能够成功。

对于克里斯托弗·里夫来说，等待手术的那段时间是极为难熬的。在悲伤到极点的时候，他甚至想过结束自己的生命，以此换得自己和家人的解脱。

一天，克里斯托弗·里夫的儿子来看望他。

儿子对爸爸的病情很好奇，于是问自己的妈妈："妈妈，爸爸的肩膀不能动了吗？"

"是的。"妈妈回答。

"爸爸的腿也动不了吗？"儿子又问。

"是的，孩子，他的腿也动不了了。"妈妈说。

听到妈妈的话，儿子有些难过，但是很快，他又带着欢快的语气说道："至少爸爸还能笑啊！"

克里斯托弗·里夫被儿子的话感染了，他再次看到了生活的希望，找到了活下去的勇气。

随后进行的手术非常成功，虽然克里斯托弗·里夫依然没能摆脱瘫痪的命运，但是他已经对未来的生活有了新的目标和期待。他战胜了自己，战胜了悲伤，并坚强地活了下来。

后来，克里斯托弗·里夫亲自导演了一部电影，成立了自己的基金会，甚至参加了一部影片的拍摄，并在其中有着精彩的表现。

克里斯托弗·里夫的身体虽然有些残疾，可是他所做的一切，都在告诉我们：他是真正的"超人"！

克里斯托弗·里夫的遭遇是非常凄惨的，由于悲伤而产生的种种念头也非常真实。值得庆幸的是，他儿子的一句话点醒了他，让他重新充满斗志，摆脱悲伤，最终成为人们心目中的"超人"。

当不幸发生时，悲伤的情绪就会立刻涌上心头，人们就会看到事情黑暗的一面。很多人被情绪控制，终日以泪洗面，沉浸在悲伤之中无法自拔，以至于看不到美好的未来。实际上，时间可以冲淡一切悲伤，只要坚持下去，就可以重新获得美好的心情，看到灿烂的阳光。

▶ 处变不惊，镇静是人生的宝贵财富

学会镇静对于很多人而言都是至关重要的，而且是一笔宝贵的财富，它可以让人在面对惊涛骇浪、乌云笼罩时做恰当的处理。焦虑、苦恼不仅于事无补，甚至会让事情变得更加糟糕。但是，如果可以在遇到难题时保持镇静，就能稳住阵脚、力挽狂澜。

在印度，曾经有一位太太请客。大家都围着桌子坐着，一边吃喝，一边说笑。忽然女主人把女佣人叫了过来，低声吩咐了几句话。女佣人听完以后脸色发白，于是就急忙跑了出去。

不一会儿，女佣人端来了一杯热牛奶，匆匆穿过客厅，并且把

牛奶放到了阳台上。客人这个时候都觉得奇怪，但是女主人仍然有说有笑。

又过了一段时间，女佣人快速把阳台的门关上，之后大吐了一口气。女主人说："好了，现在大家都安全了。"

客人询问女主人到底是怎么一回事。她说："刚才我们桌子底下有一条眼镜蛇，不过，我们现在已经把它关在门外了。"

客人们听完以后都吓了一跳。女主人说："眼镜蛇来的时候，我不敢惊动它，也不敢告诉你们，只好假装没事儿。因为眼镜蛇喜欢喝牛奶，所以，我就让人把一杯热牛奶放在阳台上。眼镜蛇一闻到牛奶味，就会跟着去。女佣人看见眼镜蛇已经到阳台上去喝牛奶了，于是就赶紧把门关了起来。"

有一位客人说："你怎么知道眼镜蛇就在桌子底下呢？"她说："我怎么会不知道呢？眼镜蛇就盘在我的脚上啊！"

另外一位客人说："你为什么不喊我们帮忙呢？"她说："我一喊，那么大家可能就会立刻慌乱起来。大家一动，蛇受了惊，只要咬一口，我的命就没了。"

试想，如果当时女主人不够镇定，选择大声地尖叫，那么在场的人一定会被恐惧的情绪所传染，跟着慌乱起来，最后眼镜蛇受了惊，它很可能会趁机乱咬一通，引发不必要的伤亡。要知道，如果一个人不够镇定，他的慌乱情绪是很容易传染给周围人的。

生活中，每个人难免都会遇到一些突发状况，此时，只要保持镇定，冷静分析，我们就能够找到有效的解决方式，并且把这种镇定的情绪传递给其他人，帮助自己或者是别人摆脱困境。反之，遇见事情如果乱作一团，只会让镇定的人慌乱，慌乱的人更加紧张。

在很多时候，镇定能够在你毫不知情的情况下迅速蔓延。我们试想一下，如果大家都能够镇定地面对突如其来的危险，相信很多的悲剧都可以避免了。

那么，我们到底应该怎样才能够保持镇定，并且能将这种积极的态度传递给更多的人呢？

1. 学会自我控制

无论是哪类突发事件，都会对人们的心理产生相当大的冲击，让大部分人都处在强烈的焦躁或者是恐惧之中。此时要想做到镇定，首先就要控制好自己的情绪，并且保持冷静，只有这样才有利于突发事件的解决。

2. 多接触能够镇定处世的人

一个人习惯的养成总是会受到周围环境的影响，要想让镇定成为你的习惯，那么就需要多接触那些镇定的人，并且接受那些稳定情绪的感染，从而增强情绪自我控制的能力。就这样，在不知不觉中，你镇定的习惯就会逐渐被养成。

3. 多做准备、多练习

如果我们希望自己能够变得镇定一些，那么一定要多去练习。当然，我们不能够刻意制造出一些危机事件来让我们练习，但是，我们完全可以多想想，当我们遇到危机事件的时候应该怎么做呢？有准备的时候，总是会比没有准备的时候更加有信心、更加镇定一些。看看我们身边遇事镇定自若的人，他们哪一个没有经历过风雨？哪一个不是历练深厚？如果我们没有这么多的经验，那么就应该多学多看，多做准备。

镇定自若，这其实就是情绪自我调控的一种成功策略，只有镇定，才能够想出更好的办法来应对眼前的困境。当一个人把镇定变成了自己的习惯，那么，他既能够感染别人，也能够感染自己，让自己在何时何地都能镇定自若。

▶ 越热情积极，越易获得幸福

每个人的生命都是非常短暂的。有的人过得丰富多彩，充满着积极和进取的态度；有的人却生活得枯燥无味，根本就没有一点儿动力和活力。

其实，生活就如同一支笛、一张锣，吹之有声，敲之有声，关键还要看自己是否能够积极去吹、去敲，去创造自己生活的节奏与旋律。可能有的人会说："万一我不会吹，不会敲怎么办呢？"积极的人会告诉你："不吹白不吹，不敲白不敲，消极等待就是在浪费我们宝贵的生命。"

面对困难，很多人会选择躲避和退缩，岂不知该来的终究要来。无论是困难、挫折，还是各种各样的不如意，比如失恋、疾病、死亡等，这些有的时候是无法避免的，想躲也躲不开。而且就算你暂时躲开了，它们也会紧紧缠着你，让你难以脱身，不让你享受人生应该享受的幸福。

既然这样，那么我们与其躲避，倒不如积极投入生活中，让自己带着特有的魅力，大胆迎接人生。也许你的积极投入，积极思考，积极行动，会把一切痛苦的事情推到一边，甚至创造一个新的、幸福的世界。

生活其实非常简单，关键就在于是否投入。只有投入了，才能够获得快乐。

1960 年，5 岁的张海迪就被医院确诊为患有脊髓血管瘤。当时，父母实在不忍心看着这样年幼的孩子就这么倒下去，成为残疾人。于是，父母千辛万苦背着张海迪走南闯北，遍访天下名医。

医院的大夫们都觉得这个聪慧伶俐、才智过人的孩子实在是太可怜了，只要能够有一线希望，大夫们就会尽最大的努力帮助她。

当时在北京，医生想要给张海迪做脊椎穿刺手术，可是看见她嫩骨头嫩肉的，又怕她承受不了那分痛苦。可以想象，把一根长长的针头刺进骨髓，这样的痛苦是常人难以忍受的。意志薄弱点的成年人都不行，何况是一个年幼的孩子！

面对大夫的犹豫不决和父母的举棋不定，没有想到张海迪却张开小嘴坚定地说："阿姨、叔叔，不要紧，扎针我不怕，挨刀我也不怕，只要您能够把我的病治好，等我长大以后，我就可以当舞蹈演员，当运动员了。"看见张海迪的坚强，当时在场的每一个人鼻子都是酸酸的。

脊椎穿刺手术就这样开始了。细长的针穿过张海迪的皮肤直刺入她的脊髓，针尖每前进一点，张海迪的身子就好像是触电一样猛地抽搐一下。撕心裂肺般地痛，扯肝掏胆般地痛啊，张海迪始终都是咬着唇，额头渗出了豆粒般的汗珠。

当时，大夫的手都开始颤抖了，进针的速度也逐渐缓慢下来。但是张海迪却喊着："阿姨，您扎呀！您扎呀！"站在一边的妈妈此时已经是毛骨悚然，针扎在女儿身上，但是却似刺着她的脊髓。她不忍看这情景，于是就转过身，独自痛苦地呜咽。"妈妈，您干什么呀？您别哭，我不痛，一点儿也不痛。"小海迪此时甚至咧开嘴微笑了一下。见此情景，妈妈用袖口抹抹发红的眼睛，脸上也不自然地露出了笑容。

案例中的张海迪强忍疼痛的动力到底在哪里？张海迪知道，自己只有接受穿刺，她的病情才能够有所好转。只有这样，她才有可能去做更多有意义的事情！对于病残的身躯、骨髓穿刺的痛苦，张海迪只能够选择坚强。也只有这样，她才能够获得与命运抗争的机会。

身体虽然已经是这样了，但精神状态却是可以努力控制的。一个病残的身体，没有强大精神动力的支撑，那么势必就会在病榻上顾影自怜、日渐消沉，更不要说取得任何成功了。

在张海迪的少年时代，她经过了无数次的治疗尝试，虽然没有从根本上解决张海迪的病痛，但是在战胜一次又一次折磨的过程中，张海迪学会了在病痛来临的时候选择坚强，而这已经成为她人生的宝贵财富。

其实，当我们尝试着选择坚强、面对光明的时候，阴影就会逐渐离你远去。如果一个人能够在身处困境的时候，依旧保持良好的精神状态，那么要比一遇到困难和挫折就灰心丧气的人更容易取得成功。

后来，张海迪又以一个初学者的热情开始了自传体长篇小说的创作。往事历历，时光飞度，张海迪在稿纸上开始了回忆的起初记录。

张海迪长年与疾病斗争的日子实在是太艰苦了，战胜它带来的所有困难，这本身就是一件非常困难的事情，更何况还要让自己全身心地投入长篇小说的创作呢？

在创作自传体长篇小说的过程中，张海迪对于自己稿子的要求可谓是精益求精，甚至达到了苛求的程度。三易其稿，数度重写，哪怕是脊髓炎发作，处于休克的状态，她也都没有放弃。

一步登天这是不可能的事情，但是我们却可以从夯实基础开始，步步为营，从而让自己逐渐靠近目标、实现理想。

积极的人生是一种自觉进取的人生，自觉是一个非常重要的前提。学会珍惜自己的生命，享受自己的生命，才能让生命获得应有的升华，而这些全都是凭借自觉的力量。只有具备了自觉，我们才可以尽可能地降低环境和条件的限制，在各种情况下找到生活的突破口。

鲁迅先生说过："地上本没有路，走的人多了，也便成了路。"相信只要能够自觉投入，那么你一定能在本没有路的地上走出一条属于自己的道路。

▶ 乐观自信地面对不幸的人生

人的这一生，如同行走在一条未知的路上，沿途中既有数不尽的坎坷泥泞，也有看不完的风景。我们既要享受阳光、希望、快乐、幸福，也要面对黑暗、绝望、忧愁、不幸，这样的人生才算是完整的。

面对美丽的人生，人们通常可以微笑着去迎接，但是面对那些不可避免的哀愁，人们却很难乐观自信地去应对。由于自身的缺陷、性格、能力等，人们经常不敢前行，在内心思量一番，无非出现两种结果，一种是行动伴着愿望一起走，另一种是美好的愿望枯萎在束缚的泥潭之中。

曾经有两个姑娘，她们一个叫珍妮，是美国人；另一个叫南希，是英国人。她们非常聪明、美丽，但是却都是残疾人。

珍妮出生时，双腿没有腓骨。在她1岁的时候，她的父母做出了一个备受争议的决定——截去珍妮膝盖以下的部位。从那之后，珍妮一直在父母怀抱里和轮椅上生活。后来，她装上了假肢，凭借惊人的毅力，她不但能跑，还能跳舞和滑冰。而且经常出现在女子学校和残疾人的会议上进行演讲，甚至做了模特，频频成为时装杂志的封面女郎。

与珍妮不同，南希并非天生残废。她曾经参加了英国《每日镜报》的"梦幻女郎"选美，并一举夺冠。

1993年8月，南希在伦敦不幸被一辆警车撞倒，导致肋骨断裂，因此失去左腿。但她并没有被不幸击垮，而是很快从痛苦中恢复过来。康复后，她比以前更加积极地奔走于车臣、柬埔寨，为残疾人争取权益。

可能是上天注定的缘分，珍妮和南希在一次会见国际著名假肢专家时相识了。她们一见如故，成为感情深厚的姐妹。

珍妮说："我虽然已经截去了双腿，但我现在和世界上其他女性没有什么不同。我喜欢打扮，并希望自己变得更加有女人味。"

可以说，这对好姐妹几乎忘记了自己是残疾人。她们更没有时间去自怨自艾，生活在她们的眼里依旧是那么美好，而她们在人们的眼中也是美好的。在遭受挫折与打击时，不是自怨自艾地哀叹上天的不公，而是以乐观的态度去面对，这才能让人更加轻松自在。

珍妮和南希的乐观精神和积极的生活态度，让她们在遭遇不幸以后仍能勇往直前，再度成为万众瞩目的成功人士。

每个人的生活际遇都是不同的，而且命运也许并不会对每一个人都那么公平。所以，你要相信，上帝在关上一扇窗的同时，也会为你开启另一扇窗。

当你在面对窗外的大地和天空的时候，最为关键的就是看你能否高昂起你的头，用你那双充满了智慧的眼睛，透过岁月的风尘寻觅到辉煌灿烂的繁星。

作为生活在这个世界上的一员，先不要问生活怎样对待你，而是应该先问一问自己，你是怎么样看待生活的？

当我们面对人生阴暗的时候，如果我们的一颗心总是被忧愁、沮丧所笼盖，干涸了心泉、黯淡了目光、失去了生机、丧失了斗志，那么我们的人生轨迹怎么能够美好呢？而我们又怎么能够成就大事业呢？

永远不要指望靠别人的同情与帮助来获得成功。现实中，悲观失望的人一时的呻吟与哀号虽然可能得到别人短暂的同情与怜悯，但是最后的结果通常只会是被别人鄙夷与厌烦。要知道，能靠得住的，只有自己。

乐观面对不幸既是一种智慧，也是一种态度，毕竟生活还要继续下去，负面心态只会让你处在患得患失的状态。倘若你正面对不幸，请用冷水洗一把脸，然后走到立镜面前，把自己精心打扮一番，冲着镜子里的自己微笑，微笑，再微笑，最后倒在松软的床上，闭上双眼睡上一觉，告诉自己"过了今天，一切都会过去的"，明天的太阳会用笑脸迎接你。曾在网上看到有人这样说，遇到不幸时，你就向天空望去，天空飘来五个字，"那都不是事"。是啊，有幸来到这个世上已经万幸，人生之中，遇到这点小坎坷又算得了什么呢？

爱自己，对自己好点，每天都将心情调整到最佳状态，去迎接新的一天。不要被烦恼伤神，不必被一时的不幸所牵绊，生活终究是要继续下去的。努力做事，用心做人，活到老，学到老，走出阴霾，不让自己的心火因为小波动而熄灭。告诉自己，过了今天，一切都会好起来！

▶ 在创造中成长，快乐常伴左右

人生中，遇到打击是难免的，但是不要被打击消磨了斗志。振作起来，重新审视自己的人生，告诉自己：虽然失去了很多，但仍然有宝贵的生命。只要有宝贵的生命，就仍然拥有创造生活的能力。在创造的过程中自食其力，获得成功，快乐才能重新陪伴我们度过美好的时光。

郑卫宁从小就被病痛所折磨，13岁的时候还不会走路，只能坐地、爬行。后来为了摆脱空虚，他不停地读书，上电大，学完中文继续学法律、企业管理，但都很难找到出路。他抑郁了，自杀过三次。后来在家人的劝说和鼓励下，他放弃了自杀的念头。

20世纪90年代末，互联网在国内萌芽，郑卫宁开始接触网络，他发现自己足不出户也可以做很多事情。于是，他找到四位残疾朋友，在家中成立"残友"公司。血友病、肌肉萎缩、侏儒、脊椎重残又能怎样？这家以软件开发制作起家的公司中，每个员工都是意志坚毅的人。经过十五年艰苦卓绝的砥砺拼搏之后，"残友"早就不是那个当年只有1台电脑、5个工作人员的小作坊，它已经成为一家拥有33家社会企业、1家基金会、11家社会组织的大型公益社企平台。

郑卫宁曾经说过："我一生最美好的时光，是我和你成为'残友'！我们打造了残友，只为尊严与快乐。如今，已无法选择回程，只能面对已造成的挑战。蹒跚前行在美丽崎岖的小路上，我和你……"

50岁是血友病患者的生命极限，但是郑卫宁早就突破了这个极限。

人生虽然有很多不容易，降生时也可能遭遇很多不公平，但是只要我们敢于去创造，在创造中成长，你就会发现，上天是公平的，它拿走你一些，自然会还给你一些，前提是你勇于乐观去面对它！接受它！挑战它！

克里斯蒂·布朗是爱尔兰的知名作家。他出生没多久就患上了严重的大脑瘫痪症，到他5岁时仍然不会说话，身体的大部分都不能活动。面对这种遭遇，全家人都陷入了痛苦之中。为了给小布朗治病，父母带着他四处求医，可一直都没什么显著的效果。到最后，父母也放弃了，他们觉得自己的孩子可能一辈子也就这样了。

一天，小布朗看到妹妹在用粉笔画画，他非常羡慕，突然伸出左脚夹住妹妹手里的粉笔，学着妹妹的样子在床上乱画，妹妹被吓哭了，妈妈急忙跑了过来，当她看到小布朗用左脚夹住粉笔的时候，兴奋地喊道："他的左脚还能动。"

从那之后，妈妈开始坚信小布朗一定可以凭借自己的能力在社会上立足，并且教他读书写字。一年之后，小布朗已经可以用左脚成功写出26个字母。

小布朗非常喜欢读书，为了让他学到更多的知识，全家人开始节衣缩食，用省下来的钱给他买各种儿童读物和文学名著，他在文学方面表现出了浓厚的兴趣。

随着时间的流逝，小布朗的文学天分一天天显露出来，他不但要读书，而且做笔记，甚至想要写作。于是他央求妈妈给自己买一台打字机。妈妈问他："孩子，你的手不能动，怎么写啊？"小布朗笑着说："没关系，妈妈，我要成为第一个用脚打字的人！我以前不会说话，现在不也能和正常人一样什么都会说了吗？我以前不会写字，现在我的左脚不是也可以写出字了吗？妈妈，我相信这个世界没有什么是不可能的。"妈妈被小布朗的自信感染了，也被他的话打动了，想方设法凑钱给他买了一台打字机。

有了打字机之后，小布朗开始夜以继日地刻苦练习，累了就画画，过一会儿继续练习。最开始因为没把握好打字机的力度，打出的字非常模糊，有时甚至会将纸弄烂。但是他并没有灰心，而是每天坚持着。

终于，他靠着自己的努力打出了清晰的字，并且还可以熟练地给打字机上纸、褪纸，整理稿件等。虽然左脚脚趾长出老茧，但对于小布朗而言，一切都是值得的。学会打字之后，小布朗开始实现自己的作家梦想。他想写小说，他把这个想法告诉了妈妈，但是妈妈却犹豫了，思考了很久之后对儿子说："写作是件苦差事，它要比打字难很多倍呢，即使是四肢健全的人都不敢去尝试，更何况你呢？妈妈知道你理想远大，可写作不是那么简单的，它需要广泛的生活阅历和深刻的生活体会，而这些你都不具备。你年纪还小，等条件成熟以后再写也来得及啊。"

听了妈妈的话，小布朗却直摇头："不是的，每个人都有自己的梦想，虽然我身有残疾，但是我并不想成为家里的负担，我想用行动去证明自己的价值。"每当小布朗独处的时候，成长过程中的种种辛酸就会浮现在眼前，他想，即便自己是个残疾人，也不可以因此放弃梦想，自甘堕落，而应该努力去实现自己的人生价值。最终，他决定写一本自传小说。

经过几个月的努力，小布朗就用左脚写完了自己的第一部小说的初稿。他念给妈妈听的时候，妈妈被主人公的遭遇和性格感染，她抱住小布朗说："孩子，你可以的，妈妈永远支持你！"在妈妈的陪伴和鼓励下，小布朗在21岁的时候终于完成了自己的第一部自传体小说——《我的左脚》。十几年后，他完成了自己的第二部自传体小说《生不逢时》。这本书一经出版就成了畅销书，在二十多个国家发行。布朗的一生只有四十八年，虽然经受了无数痛苦，但也感受到了创作的快乐。

哪怕全身只有左脚能动，小布朗也在为自己的梦想努力着，直到成为著名作家。也许相对于普通人而言，克里斯蒂·布朗是不幸的，但是自从他开始创作之后，他的生活就有了目标，生命也有了希望。母亲的不断鼓励和支持以及他自己在创作过程中的充实和不断获得的信心，支撑着他更加完美地走完了这一生。

对于普通人而言更是如此，庸庸碌碌是一天，在充实的生活中不断进步、不断创造，为实现自己的梦想而努力，则能获得更多的快乐。我们会发现，神情怏怏的多是碌碌无为之人，他们无病呻吟；积极向上、笑容满面的多是充实之人，他们因工作而完满，因事业而走向巅峰，又怎会不快乐？

所以，从现在开始，收起庸庸碌碌，在创造中成长，才能不断地收获快乐！

第 五 章

优秀的人，不会输给情绪

▶ 聪明人不轻易发火

每个人都有脾气，不管你是男人还是女人，老人还是孩子，都有发怒的时候，只不过每个人发怒的频率不一样。有的人拿发怒当饭吃，动不动脾气就上来了，暴躁得如同一头雄狮；而有的人哪怕遇到了在常人看来非常愤怒的事情也不会轻易发火。

怒火会破坏朋友之间的友情，破坏自己的形象，阻塞通往成功的道路……正如暴力解决不了问题一样，发怒同样无法解决实质问题。聪明的人通常会采取宽容的方式对待别人的错误，这不仅是大度的表现，更是一种修养。

遇事不沉稳的人一般很难得到别人的赞扬，一个人如果连宽容对待他人的错误都做不到，又怎么得到他人的欣赏呢？生气、发怒其实就是在用别人的错误惩罚自己。当别人做了让自己难以容忍的事时，与其怒气冲冲地去指责，不如笑着去原谅，这体现的是我们的宽容。如此一来，我们不仅能收获友谊，还能让别人对我们另眼相看。做个不发怒的人，不用别人的错误惩罚自己，你就会发现，现实生活中并没有什么值得我们发怒的事情。

1863 年，美国南方的一些州反对林肯废除奴隶制，为了表示抵制，他们竟然脱离了美国联邦政府。因此，林肯领导的联邦军与南方军之间爆发起内战。在葛底斯堡战役中，联邦军歼灭了 2.8 万南方军，大获全胜。

南方军的罗伯特·李将军带着残兵败将逃至波多马克河边，却没想到河水上涨，难以渡过。在军队的前方是高涨的河水，后方是联邦军的追兵，南方军瞬间变成了瓮中之鳖。林肯得知这一消息后，非常开心。他想，这可是乘胜追击的大好时机，负责追击的维得将军一定可以生擒李将军，提前结束内战。就这样，他迅速发电报给维得将军："立刻出击，不用再召开紧急军事会议了。"

可没想到的是，维得将军却不顾林肯的命令，坚持召开紧急军事会议，延误了最佳的作战时机，而且他在调兵遣将时犹豫不决，最终波多马克河河水退去，李将军与他的军队逃跑了。林肯非常生气："只要伸出手，他们就肯定跑不掉。我的话居然不能让军队移动半步！"于是，他给维得将军写了封信，在信中斥责道："我不相信你不懂李将军逃走的严重后果。我无法期望你改变形势，也不期盼你以后做得更好！"

但是写完信后，林肯便冷静下来，他发现自己对维得将军的批评并不妥当。他想：我在远离战场的白宫发号施令比较容易，维得将军在战场上执行命令却必须克服很多困难，刚下战场的士兵要吃饭、包扎伤口，几万人的部队需要统一指挥，盛夏时节，人、马匹都很容易疲惫……

林肯将自己想象成维得将军，最终用平和的心态回顾了整件事，他觉得自己不该批评维得将军。万一自尊心非常强的维得将军因此而罢职，对战争是很不利的。林肯将信放到了抽屉里，同时告诫自己：遇到不愉快的事情时必须保持冷静，特别是认为自己有理，打算批评别人时。

后来，林肯的儿子发现父亲的抽屉里有很多批评别人的信，其中包括写给维得将军的那封。原来，林肯只是将写批评信当成保持冷静的方法，他心里知道这些信寄出去后带来的糟糕后果。

在现实生活中，很多人都值得我们珍惜，如果我们因为一点小事就冲对方发火，那可能会因此失去一个知心的朋友、一个好的合作伙伴、一个美好的未来。那些值得我们珍惜的人也有让我们生气和失望的时候，此时，发怒就是导火索。所以，一定要学会保持冷静，千万不可随意用怒火伤人。哪怕是对不熟悉的人，我们也该控制好自己的情绪，这样才算是真的聪明。

公司聘用了两个学历、能力相当的女孩。其中一个女孩文文静静，叫卢朵。卢朵每天勤勤恳恳地工作，由于性格温和，和同事们的关系也还不错。另一个女孩尖酸刻薄，叫周凤。周凤说话总是"带刺儿"，一旦有人和她意见相悖或者做错了什么事，她就会朝着对方乱发脾气。

一天，周凤看到卢朵递过来的报表上有个参数填错了，立刻怒目圆睁，冲卢朵发了一通脾气。而卢朵只是默默地笑着，什么都没说，只是偶尔说出一句话："嗯，我知道了。"最后，周凤被气得满脸通红，回到了自己的办公桌前，差不多过了一个小时才消气。

又过了差不多半年多，周凤觉得自己和公司的同事都相处不好，便提出了离职。

面对周凤的挑衅，卢朵并没有放在心上，也没有发怒，很多人会觉得卢朵委屈、懦弱，其实不是，因为卢朵明白，她和周凤争辩，只会让两个人更加怒火中烧，同事们还会误会她和周凤一样不好相处。于是，她选择了沉默，周凤也不好再继续和她发火。

有人的地方就难免有冲突，有冲突就会有争论，争论的过程中就会产生怒气。对于争论、挑衅的声音，不妨选择沉默。要知道，一个人是吵不起架来的，这样争论也就随之消失了，最终不至于闹到彼此伤害的地步。

被怒火冲昏头脑只会让人做一些没有意义、让自己后悔的事情，它不仅会伤害他人，也会让自己深受其害。聪明人是不会轻易发火的，因为在发火之前他们会权衡利弊，将弊端降到最低。

▶ 微微一笑泯恩仇

现代世界纷繁复杂，在任何场合都有可能发生冲突。如果处理不好，就会带来一系列不必要的麻烦。遇到棘手的问题，如果用幽默的心态代替仇视，就能大事化小，小事化了，最终获得一片明净的天空。

生活中，每个人都难免遇到让人尴尬，或者遇到使自己感到尴尬的人，并因此而陷入狼狈的境地。这个时候，你不妨通过幽默来进行自我调节，即可摆脱困窘，扭转尴尬的局面。

里根总统首次访问加拿大时，一天，他正在某地举行演说，但是，当时很多进行反美示威的人一直在高呼反美口号，导致他的演说无法顺利进行下去。

陪他一起来的加拿大总理皮埃尔·特鲁多见此情景觉得非常难为情，眉头紧皱，他感觉示威的人实在太不尊重这位美国总统。可令他感到惊讶的是，面对这样的难堪场面，里根总统却是满脸轻松。他满面笑容地说："这种事在美国经常发生。我想这些人肯定是特意从美国来到贵国的，他们想让我有一种宾至如归的感觉。"

紧皱双眉的特鲁多听到这话，顿时松了口气，跟着开怀大笑起来。

幽默是生活中不可缺少的元素，一个人幽默与否，也是对这个人能力的一种检验。在尴尬处境中表现出来的小幽默，不仅可以给人带来轻松愉快的心情，还能营造和谐融洽的氛围。

幽默是人类独创的智慧。在尴尬中使用幽默是一种无懈可击的力量，在你或者别人遇到尴尬的时候，不妨来一剂幽默的空气清新剂。

俗话说"人生之不愉快十有八九"，人生幸福与否，与个人心态和处理不愉快的能力息息相关。如果能够处理好一些尴尬的氛围，不但能使自己赢得尊重，也能给别人带去快乐。

一位教师第一次到一个地方上课，不巧却赶上了一场大雨，本来打算乘坐的人力三轮车全都不见了踪影。没办法，教师只能徒步前往教室。

当他撑着雨伞从招待所奔到授课地点时，已经晚了十分钟，一推教室的门，迎接他的是几十双清澈而明亮的眼睛。

教师为自己的迟到感到抱歉，他走上讲台，向同学们鞠了一躬，然后说："不好意思，让同学们久等了。我是讲《公共关系学》的，但和老天爷的关系没处理好。瞧，他的态度一点儿都不欢迎我……"教师满含幽默的道歉顿时激起了同学们的欢笑和阵阵掌声，初次上课便迟到的尴尬早已消失不见了。

在遇到尴尬的时候，与其严肃地解释，不如以幽默的方式化解。这样一来，大家都会在会心一笑中将一切化为无形，这样的效果比极力解释强很多，也更能为众人所接受。所以，我们要学会以幽默化解尴尬，让尴尬不再可怕。

一个人的语言可以像优美的歌曲，也可以像伤人的邪火。幽默机智的话能给人以喜悦满足之感，在社交中适当地运用幽默，将会使人们的关系更加和谐、亲切。可以说，幽默是人类特有的天赋，幽默与智慧相伴。古往今来，很多智者都富有幽默感，他们的智慧中蕴含着幽默，幽默中含有机智，正如俄国文学家契诃夫所说："不懂得开玩笑的人是没有希望的人！这样的人即使额高七寸、聪明绝顶，也算不上真正有智慧的人。"

有个快餐店由于卫生不合格，经常有顾客在用餐的时候看到菜里面有异物。一天，一位顾客吃饭时，竟然在餐盘里发现了一根头发，他将服务员叫到跟前，问道："你们餐厅是不是换新厨师了？"

服务员感到很诧异："你是怎么知道的？"

顾客："当然知道啦，平时的汤里总是有根白头发，今天的碗里是根黑头发。"

案例中的顾客非常聪明地发挥了自己的幽默，不但向对方委婉地表达了自己对该餐厅饭菜卫生的意见，而且给对方留了面子，让他们不至于恼羞成怒。在一片欢笑声中避免了一场不必要的口舌之争。

当面临窘境时，如果不懂得灵活应对，只会让自己陷入更加不利的境地。这时，不妨运用幽默的方式为自己开脱，对方在你的机智话语中也会比较容易谅解你。

一般来说，那些具有幽默感的人，都有一种出类拔萃的人格，能自在地感受到自己的力量，独自应付任何尴尬的窘境。我们或许不能像幽默大师那样能言善辩，但我们确实可以适时地去使用幽默的技巧。

一天，彭美丽带着自己 3 岁的儿子去参加一个朋友的婚礼。婚宴上，大家都在安静地看着款款走来的新娘等待新郎为她戴上钻戒。就在所有人都屏息凝神期待这一刻的时候，彭美丽的儿子突然大喊了一声："妈妈，那个叔叔为什么跪下了啊！"一时间，场上场下都陷入了尴尬的沉默之中。妈妈朝着孩子身上打了一巴掌，顿时就有哭声传来。正当众人为这段不愉快的小插曲感到有些恼怒时，新郎突然说："在今天这个喜庆的日子里，既听到了孩子的发言，又听到了孩子的哭声，现在只差孩子的笑声就完美了。这个孩子的喜怒哀乐见证了我们的爱情，希望我们将来的爱情结晶也能像他一样纯粹可爱。"顿时，场中爆发了热烈的掌声，新郎也在掌声中为新娘戴上了钻戒，那位因为孩子胡乱发言、哭号而感到尴尬的母亲也松了一口气。

当遇到让人尴尬的情况时，一个适当的幽默往往能够帮助我们摆脱困窘。昂里艾特·比妮耶曾经说过："幽默是我们身体中最理智的一部分，是治疗剂。幽默能让我们驱逐恐惧，发泄对权威的不满，补偿自己的不足，为自己的失败复仇。"

幽默的语言是含蓄的，它能够诱导人深入思考，露出会心的微笑，在幽默的气氛中交谈。使用幽默这种语言艺术，既能使平淡的话生动有趣，又能使严肃的问题轻松活泼。即使是最内向的人，也会露出会心的微笑。巧用幽默化解窘况和尴尬，是说话艺术中的高级口才应用形式，这样的说话方式别人自然爱听。

▶ 微笑是冬天里的一把火

每个人都会微笑，但并不会无缘无故地对着别人微笑，更不会每天把微笑挂在脸上。微笑很容易，但是不微笑的原因也有很多：压力、意外、失恋、失业等。其实很多时候，当你面对逆境懂得转换心态时，自然就能时常把微笑挂在脸上，温暖自己和周围的人。

一个不会微笑的人，哪怕内心充满热情，也会被周围的人误解，觉得他不好相处，不苟言笑，没有人愿意和一个板着脸、不会微笑的人相处，因为一看到那张脸，整个人的情绪都会逐渐降到冰点，原本的愉快心情会一扫而光。有的人甚至在看到对方严肃的表情时，还以为对方是对自己不满意。可见，与其让别人觉得我们不好相处，不如保持微笑，感染周围的人，带给他们好情绪的同时从中体会到快乐，将好情绪延续下去。

一次，张先生到外地出差，入住了一家五星级酒店，当时有个新来的服务生负责帮张先生拿东西，进门之后，张先生吩咐道："你一会儿去楼下帮我买盒胃药，我要饭前半小时吃药。"那位服务生微笑着答应下来。

但是半小时过去了，药一直没有送过来，张先生打电话给酒店服务处，询问那位服务生怎么还没回来，他可是记得酒店对面就有药店。五分钟后，有人敲响了客房的门，张先生打开门一看，正是那位服务生，他恭敬地将药递到张先生面前，微笑着说："先生，不好意思，刚刚临时有些事情耽搁了，希望您能原谅我。"张先生一把接过药，"啪"的一声将房间门关上了，心想："在五星级酒店居然碰到这种不积极的服务生，真是晦气！临走时一定要投诉他。"

之后的两天，张先生一直住在这家酒店，只要张先生一出门碰到那位服务生，他都会面带微笑地询问张先生是否有什么需要帮忙的，张先生理都不理他。直到第三天，张先生准备离开酒店，那位服务生又一次面带微笑地来到他面前："先生，我再次为第一天的事向您郑重道歉，希望您能原谅我。"张先生没有说话，等客服将押金退到自己手上之后，张先生准备拉着行李离开。这时，那位服务生接过张先生手中的行李，微笑着说："我来帮您吧。"张先生也没有拒绝，但其实他心中的怒气早就消了，反而对这样一位一直面带微笑、服务周到的服务生很感兴趣。看着那位服务生拉着自己的行李朝着酒店门口走去，张先生回头对大堂经理说："这个小伙子不错，服务很周到。"大堂经理笑呵呵地说道:"他才刚来一个月,不过确实是个踏实肯干的人,谢谢您的光临,也谢谢您对我们酒店服务人员的认可。"张先生哈哈大笑,朝着酒店门口走去。

那位服务生在短短的一个月时间里就转正了,正是因为他那阳光般的微笑,温暖了前来入住的客人,让他们体会到了人情味儿,临走的时候客人纷纷对他给予好评,才使得他能在短时间内成为这家知名酒店的正式员工。

不管是什么时候,遇到人都应该保持微笑,这样很可能在无意间就赢得了对方的好感。虽然我们不可能在什么情况下都保持心情愉悦,但是如果不及时调节心情,将喜怒哀乐挂在脸上,只能说明你是一个不成熟的人。

不开心的时候如果满脸愁容,一旦影响到周围人的情绪,他们也会摆出难看的脸色,那时候,你只会变得更加不开心。反之,无论自己的心情如何,如果能及时调整,在与人交往的过程中保持微笑,别人也会回之以微笑,这样你的心情也会更好,与人相处会更融洽。

我们都听说过这样一句话:"如果你微笑,全世界的人都会和你一起微笑。"这句话虽然有夸张的成分,但却不无道理。曾有两位心理学家在很多购物中心做了如下实验:一名研究人员对人微笑,另一名研究人员则偷偷躲在伪装的小吃摊后面观察这些人的反应。结果发现,大约有一半的人会回应一个微笑。

微笑如同冬天里的一把火,能让你在冷得快要窒息的时候感到温暖,甚至想要回之以微笑。它有感染性,能带给人好心情和朋友。

温和更有助于解决问题

有没有这样一种感觉，大部分成功人士给人的第一印象都很温和。你可能觉得他们温和是因为经历了太多的风风雨雨，因此面对任何场合都会显得从容不迫。不过这只是原因之一，更重要的原因是他们早已深谙温和在职场中的重要性，并一直付诸行动。

遇到问题的时候，有的人喜欢用激动的言语解决问题，有的人喜欢用怒气解决问题，有的人喜欢用拳头解决问题，还有的人选择沉默。和拳头、怒气、沉默相比，温和可以让问题变得更简单。用温和的态度去处理问题，能让"大事化小，小事化了"，如此才可以解决问题，最终得到我们想要的结果。

如果你只想带着怒气或者通过武力去解决问题，只会让事情变得更加糟糕。相反，心平气和地商量解决问题的方法，不但能显示出自己的聪明才智，还可以更好地从根本上解决问题。

在美国的波士顿，曾经发生过这样的事。《波士顿先锋报》上刊登着各种广告，虽然这些广告表面上是在宣传给人治病，但其实却经常出现类似"你将失去××能力"等词句，欺骗众多的无辜受害者，甚至害死了很多人，但却很少被告定罪，不过是交点罚款就能逃避责任。

这种情况非常严重，激怒了波士顿的民众，他们痛斥报纸，舆论浪潮一波接着一波，但却无济于事，它们仍然在利益集团的影响下不见好转。

华尔医师是波士顿基督联盟善良民众委员会主席，他的委员会虽然采取了诸多办法，但都毫无成效。这场抵抗医学界败类的斗争似乎并没有成功的希望。

紧接着，华尔医师通过赞美的方式给《波士顿先锋报》发行人写了封信，表示了自己对他的敬意和对报纸的仰慕：新闻真实，社会舆论尤其精彩，是一份完美的家庭报纸，他一直都看此报。并且表示它是全美国优秀的报纸之一。

"然而，"华尔医师在信中写道，"我的一位朋友有个小女儿，他告诉我，一天晚上，他的女儿听到他高声朗读贵报上有关堕胎专家的广告，并且询问他这则广告的意思。当时他觉得很尴尬，不知道该如何回应女儿。贵报深入波士顿众多人家，既然这种场面发生在我朋友的家里，在其他家庭也难免会发生。如果你也有女儿，你愿意她看到这种广告吗？如果她看到，你又该如何去解释？

"很遗憾，贵报这么优秀的报纸，其他方面几乎没有瑕疵，却因为这种广告导致很多父母不敢让家里的女儿阅读，我想大概有成千上万的订阅用户都和我有一样的感受吧。"

两天后，《波士顿先锋报》给华尔医师回了一封信，并表示一定会改变这种情况。

民众的愤怒都没能根治的状况，华尔语言温和的一封信就改变了报社的态度。可见，和愤怒比起来，温和的方式更有助于解决问题。当别人犯错的时候，如果给我们造成了损失，那么我们一定会避免这种损失再次发生，或者及时挽救损失。此时，如果只是愤怒地去指责对方，对方是很难接受的。而温和的方式却能赢得对方的好感，这样对方就能主动为我们着想，令我们苦恼的问题也就可以被轻松解决了。

有这样一则关于李嘉诚做生意的故事：李嘉诚接到来自美国商人的订货单，但就在他完成订货后，美商那边却突然出事，不要这批货了，李嘉诚只好解除订单。如果遵照合同规定，违约方一定要作出巨额赔偿。当美商试探着问李嘉诚要多少赔偿金时，李嘉诚却说："生意场上的事，变幻莫测，换了我发生这种事情也一样。虽然你不要了，但我这批产品还未受到损失，所以就不必赔偿了。中国有句话：'买卖不成仁义在！'"美国商人对李嘉诚表示感谢之后就回国了。

时间久了，李嘉诚也将此事淡忘了。两年后，美国的另一个商人专程找李嘉诚买塑料花，这笔交易让他赚了一大笔。事后，李嘉诚问道："先生为什么专门要我的产品？"

对方回答："我有个生意上的朋友，常常提起你，他说你这个人待人仁厚，不斤斤计较，可以打交道，所以我就找上门来了。"

一笔生意被违约，放在谁身上都会非常愤怒，而李嘉诚却没有，他用温和的方式解决了问题，设身处地地为对方着想。就这样，他不仅赢得了好口碑，还赢得了潜在客户。

大部分成功人士说话做事都很理智，是因为他们时刻谨记：自己的目的是什么？对方的目的是什么？如何做才可以实现双方共同的目的？对方为什么会产生这样的情绪？如何才能让对方感觉是处在安全的对话氛围中？如何控制自己的情绪，客观评价对方的观点和行为？成熟的心智是时刻牢记换位思考、真诚待人，而且永远致力于达成目标的双赢思维。

有明确目标的同时保持开放的心态接受他人的观点，懂得站在他人的角度上解决问题，用温和的态度对待已经发生的事情，你就会发现，事情可能会发生逆转。

▶ 射出去的箭也会伤及自身

情商作为社会商的一种，在很大程度上影响着人们的日常生活。情商的高低对人们的生活质量起着非常重要的作用。

高情商可以让人了解自身感受，控制冲动和恼怒，理智处理事情，面对各种考验时保持平静乐观的心态，可以在感知自我情绪的同时兼顾到他人的情绪，在评估、分析的基础上对情绪进行合理的调节，让自身不断适应外界变化。

一家大型企业大年三十的时候发工资，在大规模发工资的日子通往财务部的安全门要打开，可是这次却没有打开，员工们开始在安全门门口闹事。总裁知道这件事后将保卫部部长臭骂了一顿。保卫部部长又将具体负责开门的保安臭骂了一顿，随后部长将保安开除了。

大年三十晚上，总裁正在家中开心地过年，听到门外有人敲门，总裁以为是过来拜年的，开门的时候却发现是那个被开除的保安，保安哭着说家里的老婆不让他过年，下岗之后家里没法生活了。总裁听后勃然大怒，训斥道："什么时候来哭不行，非要年三十晚上来哭，赶快滚出去，明天你就可以过来上班了！"保安离开后，总裁又打电话训斥了保安部部长，虽然这个保安过完年后又上班了，可是大家都没过好年。总裁愤怒之下心脏病复发，病了半年才康复。

为什么明明是冲别人发脾气，最后受伤害的却是自己？其实这就是情绪管理的问题，轻易发火简单粗暴，会导致沟通的情绪化。如果这个总裁可以帮助企业做好情绪管理，就不会因为心脏病复发而精心休养大半年。

刘涛宁是一位出租车司机，每天早出晚归，充满了热情和精力，而且开车的时候他也非常注意行车安全，在多年的驾驶中已经养成了良好的行车习惯。他的生活非常规律，从不疲劳驾驶。虽然在他的心里觉得赚钱很重要，但他永远都将安全放在第一位，从不闯红灯，也不与人抢路。

和刘涛宁在同一家出租公司上班的一位同事叫唐森，是个急脾气，因为脾气暴躁，经常闯红灯、超速行驶，遇到有人超车、抢自己的路，他就会一路骂骂咧咧，甚至再加速超过对方。

一天夜里，外面下着蒙蒙细雨，一辆奔驰疾驰而去，路上的雨水溅到了唐森的出租车上，唐森的暴脾气瞬间就来了："开了个破奔驰有什么了不起！"话毕，立刻换挡加速，朝着那辆奔驰疾驰而去。奔驰过了绿灯之后，绿灯迅速变成了红灯，可唐森却没有就此罢休，而是直接猛踩油门。这时刚好有辆大车开了过来，一下子就将唐森的出租车撞飞了。

大车虽然没什么事，可唐森的车却被撞飞到十几米外。等到救护车赶到的时候，唐森已经没了生命迹象。

两名司机的条件虽然都差不多，却因为心态的不同有着截然不同的结局，可见负面情绪的危害有多大。所以，无论从事哪种职业，无论处于何种境地，都必须保持平常心，这样才可以保持清醒的头脑。

孔子曰："不迁怒，不贰过。"每个人都有自己的脾气。现实生活中，难免会遇到惹得自己勃然大怒的人，此时，应该懂得克制自己的情绪，不迁怒他人，不因为发脾气而犯错。要知道，发脾气是解决不了任何问题的，反而可能会加深问题的严重性。

那些脾气暴烈的人，做事也焦急败坏，于是越躁动事情越败坏，事情越败坏，脾气越大……久而久之，形成恶性循环。

上海大亨杜月笙虽然不是读书出身，但却有着包容三教九流的本事。他认为，第一等人，有本事，没脾气；第二等人，有本事，有脾气；末等人，没有本事，脾气比谁都大。

一等人所谓的没脾气就是不随便发怒，不被情绪控制。二等人，就是普通人，古今中外都一样的。虽然每个人都有自己的脾气秉性，有的人生性平和，有的人直率豪放，也有的人刚正不阿。即便如此，也该学会把握和控制，千万不能让自己的脾气害了你，否则得不偿失。好脾气虽然不一定能给你带来诸多好处，但一定是你最美好雍容的姿态。

▶ 气定神闲，方显大智慧

急躁变成了当代人的主要特点之一。例如平时等公交车时，常听人抱怨自己要坐的车还没来，在发工资的时候也会有人抱怨工资一直不涨。那些本该通过改变自己才能有效改变的事，却常常被我们用急躁的心态去评定。

当人们的生活遇到危机的时候，头脑很容易处在发热的状态，此时的我们如同热锅上的蚂蚁，只是盲目地急躁，不知道如何用平静的心态去解决问题。沉着冷静的人，往往可以在急躁中保持平静，进而生出智慧，从而解决生活中的各种难题。

如果遇事只知急躁，不仅会显得慌乱，很难找出解决问题的方法，还会导致败局。反之，如果此时可以做到冷静，远离急躁，远离头脑发热的状况，从冷静中找出智慧，问题也就可以迎刃而解。

一天，美国总统里根在白宫举行的钢琴演奏会上发表讲话时，他的夫人南希不小心从椅子上掉落下来，但是她很快就从地上爬了起来，重新坐了回去。在场的很多人都将这个过程看在了眼里，场内爆发了一阵热烈的掌声。其实，观众中一部分人因为她出了洋相而鼓掌，另一部分因为她立即爬起来而鼓掌。可不管是哪种原因，这个意外无疑让里根陷入了尴尬的境地。一旦这件事处理不好，媒体一定会借题发挥，给他带来负面影响。

里根先是上前查看一番，确定自己的夫人没事之后便俏皮地说："亲爱的，我告诉过你，只有在我演讲得不到热烈掌声时你才该做这样的表演。"台下顿时响起了更加热烈的掌声，当然，这一次的掌声大部分是出于钦佩，大家都被里根的幽默和机智所折服。

气定神闲，才能从冷静中生出智慧，才可以感动别人，而且可以避免给自己造成负面影响。里根急中生智处理事情的行为最终让事情得到了圆满的解决。

姚彩芸在一家孤儿院做义工，为了抽出更多的时间陪伴孩子，她每天做事情的时候都风风火火的。

一天，姚彩芸想去给孩子们买些东西吃。没想到，她刚从孤儿院大门走出来，一个高大的男人就撞了她一下，把她的眼镜撞掉在地上。

不承想，姚彩芸还没来得及开口责问那男人，男人倒先开口责怪起姚彩芸来："走路不长眼啊，走这么快干吗？"

姚彩芸想到自己走路确实有些快，于是压住自己的火气说："这不是着急吗？再说了，这也不能全怪我啊，您不是也没注意到我吗？您看您把我眼镜都撞掉了。"

"谁让你戴眼镜的？撞掉了活该！"那男人越发嚣张起来。

姚彩芸的怒火顿时烧到了头顶，可是一想到需要照顾的孩子，她的心态又恢复了平静，于是微笑着对那男人说："算了，算了，反正也没摔坏。我想您肯定也有急事，不耽误您的时间，您赶紧忙您的去吧！"

那男人一见姚彩芸这种态度，脸顿时红了起来，他有些不好意思，忙向姚彩芸请教如此淡定的原因。

姚彩芸脸上依然挂着微笑，说："事情已经发生了，无论再怎么生气也无法改变既成的事实。如果我和您大吵一架，甚至大打出手，或许能暂时发泄一下怒气，可是又会产生很多后续的问题，比如受伤之类的情况，那样造成的伤害更大。所以呢，还不如就此打住，不给愤怒继续蔓延的机会。而且，咱们两个撞在一起，我肯定也有一定的责任，既然自己也有错，就不能全都归咎于您。这样一想，我就觉得没有生气的理由了。"

听了姚彩芸的话，那男人觉得十分愧疚，连连向姚彩芸道歉。

几天之后，姚彩芸所在的孤儿院收到了一笔捐款。这笔钱是撞到姚彩芸的那个男人捐的，他知道姚彩芸做义工的事情之后，也希望为孤儿们做一些力所能及的事情。

就像姚彩芸所说，事情已经发生了，不管再怎么生气也不能改变既定的事实，大吵一架或大打出手虽然可以发泄怒气，但却会引发许多后续的问题。不管遇到什么样的烦恼，都不该让急躁的情绪钻空子。我们每天都会遇到不同的事，不可能每件事都会朝着我们所想的那样发展下去，当我们遇到烦恼时，冷静下来，给自己一个空间，就会发现事情并没有想的那么糟糕。

春晚小品里曾经出现过这样一句台词："冲动是魔鬼。"如果我们不能冷静对待生活中的烦恼，不能远离急躁，而是选择冲动地去处理事情，那么很可能会让我们处在更加糟糕的处境中。所以，遇事必须懂得控制，千万不可头脑发热，更不能让自己处在急躁之中。

▶ 嘴在别人身上，心在你身上

生活中，每个人都有自己的梦想，有自己想要去爱的人，或是有自己想从事的事业……可不管你想做什么，总会听到一大堆反对的声音，或是看到别人异样的眼神，低声的议论，很多人在别人否定、议论、讥讽自己之后，选择放弃。也有很多人，秉承着"走自己的路，让别人说去吧"的观点，坚持自己的选择。

为了追求我们自己想要的一切，我们都该为自己做主，做自己想做的事，而不是跟着别人的"嘴"走，因别人的"嘴"而动摇了信念。因为我们追求的是自己的生活，和那些说闲话、否定我们的人的关系不大，我们过得好与坏都是自己的事，他们无法决定我们的人生。

约翰·格登出生于英国的萨里郡韦弗利地区，他从小就热爱生物学。可他的生物课成绩却差得离谱——倒数第一，其他理科成绩也是差得不能再差。

他的老师加德姆在他的成绩单上写道："我相信你有成为科学家的志向，可是以你目前的表现来看，这是十分荒谬可笑的。""继续教你简直是浪费彼此的时间。"约翰·格登将这张成绩单放在自己的桌子上每天都看，鼓励自己奋进。很多人嘲笑他不自量力，不知天高地厚，可他并没有放弃。

后来，他申报牛津大学时，因成绩不理想，被古典文学研究系录取。可他仍然一如既往地热爱生物学，甚至在学校里养了上千只毛毛虫，看着它们变成飞蛾，老师更加讨厌他了。后来，他转入动物学系，正式开始科研生涯。

1958年，当他读完博士学位时，他从蝌蚪细胞中提取出了完整细胞核，成功克隆出一只青蛙，被誉为"克隆教父"。

1983年，他在剑桥大学担任细胞生物学教授。1996年克隆羊诞生后，证实他的理论亦适用于哺乳动物（包括人类）。他的这个理论为以后干细胞的研究奠定了基础。

约翰·格登从未因为老师的否定、别人的嘲讽而放弃自己对生物学的热爱，他一直坚持着自己的梦想，内心坚定无比，终于在生物学方面获得了非凡的成就。

一个女孩大学毕业以后，家里给她安排了相亲，她和相亲对象一见钟情，并迅速坠入爱河。相处一年多以后，两人都有结婚的意向，但是女方是单亲家庭，母亲对于女儿的婚事非常上心，经常偷偷到男孩的村子里打探他的家庭状况。

后来，她听男孩村子里的人说男孩曾经谈过恋爱，把人家女方的肚子都弄大了，最后把对方抛弃。当然，这是两年前的事情。

女孩的妈妈一听，当下气急败坏，死活不同意女孩嫁给男孩。女孩得知这一情况以后也非常震惊，她红着眼圈找到男孩："我听说你两年前有个要结婚的对象，女孩怀孕六个月的时候你们分手了。你抛弃了她？是吗？我要听你亲口告诉我，别人说的话我不信，因为村里闲言碎语是常有的，但是和你相处这么久，我觉得你不会骗我。"

男孩沉默了一会儿，回答道："两年前我的确有个结婚对象，也的确是在她怀孕六个月的时候我们分手了。原因很简单，她妈妈让我在市中心买一套价值一百五十万元的房子。但是两年前，我家条件并不好，家里盖完房子以后父母手里就没有一分钱了。我许诺她和她的家人我会努力赚钱、奋斗，会给她买大房子，给她和孩子好的生活，但是他们都不相信我，她毅然决然地把孩子打掉了，我们也就彻底分手了，那也是我的孩子，我也很心痛，但是，没有人愿意给我机会……"男孩哽咽着继续说道，"但是从那以后我一直在努力奋斗，如今房子虽然是贷款买的，但我可以给你一个农村的家、市里的家，不管你想在哪里生活，我都能满足你，为的就是和你结婚生子，共度一生。"女孩听完男孩的话，早已泪流满面。回去之后，她不顾母亲的反对，和男孩结了婚。婚后，男孩很珍惜她，尤其是她怀孕的那段时间，更是无微不至地照顾她。事后女孩也听同村的人提起过他两年前的对象，有人说是他负心，有人说是女方嫌贫爱富。但不管别人说什么，她早已不在乎，因为她能感觉得到，他的心在自己和孩子身上……

很庆幸，案例中的女孩并没有因为男孩的同村人的闲言碎语而放弃这段感情，最终拥有了属于自己的幸福。每个人都有过去，只要他愿意忘记过去，重新开始，付出真感情，那么他就是值得信任的。做自己想做的事，问心无愧，坦然视之，又何必在意别人的看法？如果一个人过于在意别人的看法，太在乎外界的评论，他会很容易失去自我，过着让自己不满意的生活。

要敢于在闲言碎语面前自己做主，做个敢于和流言蜚语做斗争的人。生活是自己的，嘴长在别人身上，我们永远堵不住别人的嘴，别人的嘴也改变不了我们的人生。很多人之所以迷茫，就是因为他们担心别人说自己的工作不好，担心别人说自己的女朋友不漂亮，担心别人说自己不孝顺父母等。正是因为这些外界因素，我们才会不断踌躇，最后迷失方向，一事无成。你想做这样的人吗？答案肯定是"不"，那么从现在开始，用心去体会、做事，不要再去在意别人的否定、嘲讽等。

▶ 不要和"不愉快"纠缠不清

生活不是十全十美，和你打交道的人自然也做不到面面俱到。很多时候，你遇到的事或人让你感觉不开心、不高兴，不妨把话挑明，千万不要莫名其妙地发脾气，否则只会让别人觉得你小肚鸡肠，而且事情也得不到很好的解决。

将一件事情说开，才能找出症结，对症下药，很容易将事情解决。如果只是一味地发脾气，怒火中烧，事情也就无法得到良好的解决。当我们遇到发怒的人或者让我们发怒的事情时，将事情挑明，怒火也会随之消失。一味地压抑怒火也是不可行的，因为那样的话，怒火会越来越旺，最终只会让事情变得更加糟糕。

有个叫雷斯的年轻人，每次和别人发生争执时，都会以百米冲刺的速度跑回家，绕着房子、土地跑上三圈，然后坐到空地上休息。很多人都不理解他的这个举动，可怎么问他也不肯透露其中的缘由。

转眼间几十年过去了，他成为当地拥有房子、土地最多的人。他还会因为一些事情而生气，一旦生气，他仍然沿用几十年的老习惯，虽然年岁已高，挂着拐杖不方便，但他仍然绕着房子、土地走三圈。

孙子再三恳求："爷爷，听说您年轻的时候一生气就绕着土地跑，但是现在您已经上年纪了，还是咱们这里最富有的人，为什么还像从前那样，能不能告诉我这个秘密？"

在孙子的再三恳求下，雷斯终于将这个埋藏在心底多年的秘密吐露出来："年轻的时候，每次我和别人争论的时候都会非常生气，绕着房子和土地跑的时候我就会想，我的房子这么小，土地这么少，我有什么资格和别人生气？想到这儿，憋在心里的怒气就会发泄出来，接下来就会努力工作。如今虽然我仍旧会生气，但是已经跑不动了，只能绕着走，边走边想，我的房子这么大，土地这么多，又何必和别人置气呢？想到这儿，气也消了。"

通过自我调解的方式发泄心中的怒火，平息心里的不愉快，你就会发现，这个世界还是很美好的，千万不能让怒气蔓延，通过正确的处理方式让怒火消失才是最佳的解决方法。

如果知道自己的负面情绪能产生恶性循环效应，那么我们在发脾气时就应该思考一下，一旦我们生气会导致什么样的后果。当你在做一件事时想清楚后果，那么你的行为就能得到有效控制。

钱女士是知名食品厂的人事部经理，每天和几十名下属打交道，还要负责公司新人的招聘、培训等工作，她感觉自己的压力非常大。一天，公司的一位正处在实习期的员工对她出言不逊，她非常生气，二话不说就让人把对方辞退了，反正是在实习期，怎么做都是挑不出理的。可是没想到，下午她的办公桌上就多了一张纸，是那位被她辞退的实习生留下的，上面写着："你这个更年期的老妇女，泼妇，祝你早日衰老！被人抛弃！"

天哪，她才30岁出头，能走到今天不知道有多少人羡慕，她的丈夫是她的大学同学，对她谦让、爱护，从未有人和她说过一句过重的话，都是别人来讨好自己，被自己训斥。今天这个被自己辞退的女孩写了这样一张纸条，她自然怒火中烧，但是那个人早已不知去向，她也是有火没处发。

当天下班回到家里，丈夫正在打游戏，见她回来，问道："你吃饭了吗？""没有。"她冷冷地回答道。"想吃什么？我做给你吃。"丈夫耐心地询问。"不吃了。"她依旧无精打采地说道。"不吃怎么行，不爱吃我做的我就带你出去吃，走吧。"说完便拉住她的胳膊，哪知她使劲甩开了丈夫的手，大声嚷嚷道："说不吃就不吃！"丈夫瞬间错愕，立即收起游戏机，回房睡觉了。

冷静了一会儿以后，钱女士突然意识到，惹自己不开心的是那个被自己开除的女孩，又不是丈夫，自己怎么能把火都发在丈夫的身上呢？随后她也回到房间，将今天的事情跟丈夫解释了一番，见丈夫没有反应，她的内心更是发冷，刚要垂头丧气地走出卧室，丈夫却一把抱住她："我去厨房给你做点好吃的，不吃饭可不行。"她立马搂住丈夫的脖子，眼泪止不住地流了下来，心头的怒气也消了。

钱女士迁怒于无辜的丈夫无疑是一种冲动的、不可取的行为。找到问题的根源以后，正确面对，怒火自然而然就消了。

出现愤怒情绪的时候，肆无忌惮地发泄确实可以获得短暂的舒畅，可是发泄所造成的后续影响可能会更大，更让人难以承受。明智的人，通常不会冲"无辜的人"发泄怒火，因为发泄之后的局面往往更加难以控制，甚至会伤害那些关心自己的人。与其让自己变得更加苦恼，倒不如在被怒火冲昏头脑之前就找到让自己愤怒的原因，把这件事说给自己信任的人听，及时将它所引起的怒火采取适当的方式发泄出来。

▶ 嫉妒其实就是变相的自卑

嫉妒是一种人与人交往过程中最常出现的心理。它如一把双刃剑，既能促进人类的进步，也能引起人类的斗争。但是在大多数情况下，嫉妒却可能会让人陷入痛苦的深渊。每个人都可能会嫉妒某个人的一些成绩甚至因嫉妒而产生仇恨心理。这种情绪不会对你的生活有任何的帮助，只会在嫉妒中加重内心的折磨。

宋华曾经对她的好友刘伟说过，有一次她自己在外地办讲座，在解答听众问题的时候，一个女孩子举手问："一个成功的女人，会有自己崇拜的女人吗？你有吗？"

其实，对于这样的问题，曾经有不少年轻人问过宋华，宋华几乎都有了一个完美的回答模式。只是，就在宋华微笑着长篇大论回答完之后，这个女孩子又接着问："那么你会嫉妒她们吗？"这个时候，宋华抬头看了一眼那个女孩，想看看到底是什么样的女孩子喜欢提这样的问题。面对这个问题，宋华的内心有一些犹豫了。是啊，她会崇拜那些著名的人物，这对于她自己而言可谓是天经地义的事情。但是，嫉妒呢？或者说，敢承认嫉妒吗？

嫉妒，其实在人们的心目中一直都不是一个褒义词，特别是在女性的心目中，那更是嫉恨的代名词。而在西方，"十诫"甚至把它列为罪恶之一，很多纠纷与纠缠都源于这个词。因此，一个女人如果敢于承认嫉妒，那么等于是给她自己戴上了一张贪婪丑恶的面具。但是如果不承认，总觉得自己在心底好像又不够坦然，而宋华不愿意欺骗自己的内心。

于是她在犹豫片刻后，对那个女孩子说："谢谢你提了这样一个非常棒的问题，我愿意在讲座之后进行个别的深入交流。"于是，主办方的主持人这个时候出来圆场，宣告讲座结束，在大家的一片掌声中，宋华微笑着离台，可是，这个女孩提出的问题却一直盘踞在她的脑子里。

我们仔细想一想，难道在天底下真的存在没有嫉妒心的人吗？

你看，社会新闻上经常会报道因为嫉妒而发生悲剧的事情，再想想那么多的著名人物，《红楼梦》中的林黛玉在嫉妒，三国时期的周瑜在嫉妒，甚至有心理学家证实，希特勒之所以成为战争狂人，就是因为他在童年时期的嫉妒心没有得到正确的疏解。因此，嫉妒往往会让一个人苦恼、失态、疯狂、自残，而且还会让他们变得决绝而苍凉。

很多人无法轻易地嘲笑林黛玉，因为我们也没有办法断然宣称自己是一个从不嫉妒的人。嫉妒可以说是人类骨子里的一种源远流长的传染病，而且它已经完全融入了我们的基因中，尽管已经有不少人因它而疯，因它而死，但是作为普通人，却没有办法完全消除它。

法国作家拉罗什弗科说过："嫉妒是万恶之源，怀有嫉妒心的人不会有丝毫同情。"这是拉罗什弗科在自己年轻的时候看到和悟到的，于是他牢记在心，并时刻警醒自己。

通常来说，爱嫉妒的人因为容不下别人的长处，总是通过说别人的坏话等一些方法来寻求一种心理上的平衡。

喜欢嫉妒的人总是缺少朋友，因为他根本容不下别人的长处，可是每一个人都是有长处的。因此，这样的人总是会把身边所有的人都当成是自己的敌人，并且以冷漠的目光对待或者是敌视他人。而且最可悲的是，这一切还都是在自己毫无意识的情况下进行的，连自己可能都不知道：为什么要与人为敌？为什么每一个人都不喜欢我？什么时候我成了一个不受人喜欢的人、令人讨厌的人？

曾经在日本有一个心理学家，他在一所大学里面的一个班级做过这样一个测试，让全班同学随意写下自己最不喜欢的人。结果，写下全班最不喜欢人数最多的人，也就是全班人最讨厌的人。其实这个测试是准确的，并且是有趣的，如果你想知道自己是否是最不受欢迎的人，你也可以尝试做一下这个测试。

培根说："在人类的各种情欲中，有两种情欲是会诱惑人心智的，那就是爱情与嫉妒。"其实适度的嫉妒也并非一无是处。正所谓，古之成大事者，不唯有超世之才。嫉妒能够让人奋发，有人因为嫉妒所以闻鸡起舞，弃旧图新。

《圣经》中把嫉妒称为"凶狠的眼睛"，而占星术士把它称为"灾星"，想来想去，这其实是不公平的。因为往往会存在这样的情况，一个情绪低落的人在嫉妒心的驱使下做出了改变，甚至还是超常的改变。

记得有一次，一个著名的模特公司经纪人谈起了上面的话题，他看着舞台上满目的姹紫嫣红说，对于这些模特非凡的美貌与神韵，嫉妒难道不是一种神秘的力量吗？让模特之间互相比美，激发了潜能，而且还超常地展示了奔放的魅力，这也让时尚圈充满了其他圈子难以具有的魔力。

其实，很多人心里也知道，对于残损的心灵，嫉妒也许就是一把杀人不见血的剑，让那些充满嫉妒心的人在黑暗的夜里，伤害别人同时也伤害了自己。

不过，也有的人会一次次否定自己对嫉妒的认识，因为他发现，在现代文明的历练下，嫉妒会让更多的人充满警惕，警惕身边同样的人突然崛起，从而始终跳动着不甘示弱的脉搏。

也许，经历过灾祸和磨难的人的嫉妒是有力量的，也许这种嫉妒反而能够让他战胜更多的优胜者，成为最后的胜利者。

▶ 远离悲观，在乐观中求发展

人生在世，有快乐就有悲伤，但是为什么有的人可以笑容满面地生活，而有的人却只能垂头丧气地生活？

周佳明出生在一个十分贫寒的家庭中，自卑感总是萦绕在他的心头。由于父母手头拮据，周佳明上学很晚，直到15岁才上了初中一年级。年龄偏大加上学习成绩不好，所以同班同学时常取笑周佳明，这让他更加自卑了。

周佳明有时觉得自己一无是处，和同学们比起来没有任何的优点。上学的时候，周佳明总是低头走路，也不愿意和其他人说话，唯恐别人嘲笑自己。可是他越是沉默寡言，越是有同学拿他寻开心。虽然他的个子比同学高出一截，但是自卑的心理让他不敢进行反抗，只能任由同学们嘲讽和讥笑。

然而，周佳明并不是不想自信起来，只是一直没有什么事情能让他建立起自信心而已。这种情况在一次学校运动会后发生了转变。

运动会上，周佳明代表自己的班级参加了同年级的篮球比赛，尽管他的技术并不过关，但是他的身高优势发挥了很大的作用。他站在篮下，就像是一道无法逾越的屏障，令对手吃尽了苦头。最终，周佳明和同学们一起赢得了冠军。

在举起奖杯的那一刻，周佳明忽然意识到，原来自己并不是一无是处，他可以在篮球场上发挥自己的优势。从那以后，周佳明变得自信起来，他的篮球水平越来越高，学习成绩也逐渐好了起来。

周佳明的自卑，源于他和同学之间的差距，他无法找到自己的优势，因此总是处在悲观的状态中。然而，当他在篮球场上找到自信之后，他的整个状态都发生了极大的改变，这让他重获新生。他发现，原来每个人都有与众不同的地方，发现自己的优点，调整心态，自卑情绪自然就不再是困扰了。虽然对于很多人来说，乐观地面对现实很难，但是只要愿意发现，努力去发现，总能找到自己的优点所在，从而用乐观的心态取代悲观的心态。

李航是一家水产公司的办公室文员，他虽然工作认真，但对人生却很悲观，经常用否定的眼光看待世界。一天，李航到冷库帮忙，到晚上下班的时候，领导请大家一起去聚餐，大家立即放下手中的活儿匆匆忙忙地走了出去，李航因为性格内向，有些不合群，故而自己躲在冷库靠里的地方忙活着，等到同事们陆续离开把门锁上以后，李航才回过神来，他绝望地敲着冷库的大门，声嘶力竭地叫喊着，但是1个小时过去了，没有任何人给他开门，他觉得周围的空气越来越冷，心想："完了，我一定会被冻死的，一定会……"他想，冷库的温度在零下18℃，而自己穿着春装，怎么也熬不过去的。最后他强忍着悲痛写下一封遗书："没想到我最后竟然是被冻死的……"第二天，当公司员工打开冷库的门时，发现了李航的尸体。他们非常惊讶，因为昨天大家已经将冷库中的鱼虾搬走，冷库的制冷系统并未启动，而且这冷库里也有足够的氧气，待上12小时最多就是又渴又饿，怎么可能会被"冻"死呢？

其实，李航并不是被冻死的，尸检报告也没有显示他是猝死的。他之所以会死，而且认为自己会被冻死，主要是因为他并没有用身体去感知冷库的温度，而是用心理感知的冷库温度。他的悲观心理告诉自己："我一定会被冻死。"结果居然真的就被"冻"死了。

悲观的人经常因为自怨自艾而生出病来，甚至走向死亡。反之，积极的心理暗示则有助于人做好自己想做的事，顺利完成任务，实现人生目标，充满自信。那么，如何才能远离悲观，在乐观中求发展呢？

1. 远离周围消极悲观的环境

这一点很重要，人是环境的产物，古语有云"近朱者赤，近墨者黑"，如果你总是待在悲观消极的人身边，那么自己很容易受这种负面心理的感染，最终也变成如此。此时你需要静下心来想一想，他们究竟对你产生了怎样的影响？是否该脱离这样的负面影响，减少悲观心态的产生？

2. 运动是良好的释放方式

生活中有很多的不容易，但是如果我们不能找到释放口，任由不良情绪堆积在心里，就会越来越压抑、沮丧，而运动就是一种非常不错的发泄方法。当你肆意奔跑半小时，任汗水浸透衣衫，你就会发现，自己的心情舒畅多了。

3. 自我激励更加自信

自我怀疑、懒惰，是情绪调节的最大障碍。应该让自己变得更加积极和自信，不断改变自己，告诉自己，不给自己忧伤的机会。

4. 懂得感恩是长期动力

在你遇到困难的时候，是不是有人始终默默地站在你的身旁守护你，帮你一次次从跌倒中爬起来？如果有这样一个人，你就把他当作感恩的源泉，在他的光环下保持乐观的生活态度。

▶ 收起抱怨，做行动的巨人

人是一种群居动物，也是社会性最强的动物。就像自然界中的狼，狼如果不合群，就很难捕捉到猎物。孤狼是很难在大自然中生存下去的，只有当它们团结协作的时候，才能将猎物围捕，饱餐一顿。我们人也是一样，必须将自己融入团队中，才能有所作为。

工作中，愁眉不展，唠唠叨叨地不停抱怨，只会让事情变得更糟，而且也会让同事觉得你非常讨厌。有的人说，生活就好像是一面镜子，你笑的时候它也笑，你哭的时候它也哭，那么当你抱怨的时候，它也只能跟着你一起抱怨了。

做好自己的本职工作这是应该的，可是，如果你再多做一些其他力所能及的事情，这其实就成了你与别人不一样的地方。因此，在接到老板额外，并且是适度的工作安排时，千万不要抱怨，而应该尽自己的最大努力把它做得更好。因为这不仅仅是一次机会，更是你气度的表现。另外，当老板怠慢你的时候，想想戴尔·卡耐基说的这句话："与其抱怨别人不重视你，不如好好反省自己，不断提高自己的能力。"

刘立帅在短短一个月的时间里已经连续更换了四份工作，无奈他只好去求助一位职业咨询师。

"第一家单位的老板太苛刻，脾气太坏，我实在是忍受不了他那张严肃的脸，最后我一气之下就走了。"刘立帅不无遗憾地说，"不过那里的员工还不错。"

职业咨询师继续问道："第二家呢？"

"哦，我是一个相对安静的人，我非常不喜欢吵闹的环境。我上了一周的班，可是我所在部门的人实在是太活跃了，我根本受不了他们的笑声……"

职业咨询师听完以后笑了一下，问："第三家是什么问题？"

"第三家我待的时间算是比较长的，但是我反感在背后说别人坏话的人。我当时连续听到好几次别人说我自视清高，可是我自己根本不是那样的人。我的情绪受到了干扰，所以我想换个新的环境。"

"结果我发现第四家的同事更加难以相处，虽然他们都很安静，但是我觉得似乎也太冷漠了。我去工作了两天，竟然没有一个人拿正眼看过我……"

职业咨询师听完以后把身子向后仰去，然后一本正经地说："你的困难其实非常好解决，你只需要明白，你要适应环境，而不是让环境适应你。你要尽量让自己合群，而不是把自己置身于群体之外。"

任何一个公司，都可能有苛刻的老板，或者是异常活跃的同事，或者是在背后说人坏话的小人，或者是冷漠的人，甚至最糟糕的情况是，这几种人可能会同时存在，但是你要做的就是合群。你一定要能够融入你现在的工作环境中，你要适应同事和周围人的工作习惯，只有这样，你的才能和情绪才可以处在最好的状态。

合群与否往往会影响一个人的性格，也会影响到你的人际关系、工作和学习效果。8个小时的工作时间占去了一天的三分之一，而且还需要花费更多的时间和精力来准备上班和考虑工作，只有这8个小时快乐了，你才是快乐的。

除了工作，生活中也是如此，如果该决断时不决断，任由事态发展下去，而自己却只会抱怨，那么最终受苦的就只是自己。

前段时间，王丽跟刘琳说她想离婚，因为她觉得老公对自己非常不好，每次喝醉回来都会打她，生活非常不和谐。不懂为什么，结了婚以后他就好像变了一个人似的，和在谈恋爱时候的那个人完全不一样。

在那之后的很长一段日子里，她经常来刘琳家抱怨，只见她日渐消沉，脸色也越来越差。王丽还把自己被打的伤口给刘琳看。于是，刘琳就劝她放弃抱怨，做自己想做的，如果两个人没法在一起生活，那还不如分开来得自在些。过了一段日子，王丽又来找刘琳，这次她的精神状态非常好，看起来心情也不错。她告诉刘琳她离婚了，没有一丝后悔，她想通了，与其将就，不如痛痛快快地离婚。现在的她感觉浑身充满能量，她准备找一个真正适合她的人，真心爱她的人。

刘琳很替王丽开心，幸亏她放弃了那段以抱怨为主的生活，回归自我。现在的她就像 18 岁的青春少女一般，经营着一家属于自己的书吧，每天的精力都非常充沛，浑身充满正能量。

生活不堪，困难重重，抱怨只是一时解脱，而放弃抱怨才是真正的解脱。对于很多事情，我们都很想去做，但是总感觉力不从心。等真正要去做的时候，却不是抱怨太麻烦，就是抱怨没意思。其实，这时候你只是被你的长期抱怨控制。俗话说，好的开始就是成功了一半，然而你连开始都不敢，又怎么能够高谈成功与否呢？所以说，抱怨就是缺乏勇气，连尝试都不愿意，成功注定和你擦肩而过。

整天萎靡不振的人不可能有能量去创造自己想要的东西，只有充满能量的人才可能用自己的双手获得自己想要的。别被抱怨缠住了双手，要学会如何解脱自我。我们都是自立自强的青年人，就该拿出这个年纪应该具备的精神面貌。

改掉抱怨这个坏毛病，以崭新的姿态去迎接新的生活，让你更加有朝气、有活力，这样你的生活才会越发多姿多彩。

愤怒是魔鬼，发火就后悔

每个人的生活都不是一帆风顺的，在遇到不公平的事或遇到令自己不满意的人时很容易愤怒。每个人都有愤怒的时候，愤怒是一种正常的情绪，不过通常来说，它不会造成很大的影响。但是当它失控而且变得具有破坏性时，它能导致你的工作、人际交往甚至正常的生活都出现问题。而且，它还会让你感觉到你正被一种无法预见的、强大的情绪所控制。

愤怒情绪如同一匹野马，一旦转化成行动，就会严重伤害自己和他人。生活中，我们经常会看到有些人因为一些微不足道的小事而发怒，做出不该做的事，引起恶性斗殴，甚至导致人命案子的发生，最后锒铛入狱，事后常常后悔不已。

一天，一对年轻的小夫妻因一些琐事发生了争吵。妻子气愤之下，将家里的锅碗瓢盆砸了个干净，还不解气，最后她又把厨房里平时给老公煲汤的汤锅、蒸饭的电饭煲、炒菜的锅统统砸了。最后她决定，拿着两个人辛辛苦苦积攒多年的10万元现金出去挥霍。丈夫见妻子砸了东西又想出去挥霍，心想：你不过了，我也不过了。于是，他不但不阻拦，反而抢过几万块钱出去买昂贵的西服、吃大餐。第二天，当两人购物、吃大餐回来以后，两人的气也消了大半，有和好的趋势。回到凌乱不堪的家后，两个人都后悔了。想到短短一天的时间，多年的血汗钱就被挥霍得差不多了，两个人立刻又被气成了充满气的皮球。

这对夫妻的遭遇既让人气愤，又让人心生同情。愤怒很容易造成我们各种遗憾。人在愤怒的时候智商接近于零，需要半个小时甚至更长时间才能逐渐恢复至正常水平。因此，愤怒中的人很容易做出过激的举动。有些事情，头脑清醒的时候绝对不会做，而怒火中烧时却会觉得理所当然。当内心的怒火熄灭时，我们甚至都不知道怎么会做出这样的事情。愤怒会吞噬理智，让我们做出追悔莫及的事情。这些事情可大可小，甚至有的人因为愤怒而剥夺自己和他人的生命。因此，无论什么时候都不能轻易发怒。

陶帅的脾气一向不怎么好。一天夜里，他来到市中心的一家火锅店门前。当时天气寒冷，他打算吃顿火锅。可是到了火锅店后，他发现火锅店里的人很多，犹豫了一下，他还是走了进去，点了一些蔬菜和羊肉，随即就坐在椅子上拿起酒喝了起来，一边喝一边等着。可让他没想到的是，等了半个小时也不见服务员给自己上菜，就连比自己晚来的人都涮上锅了。他不禁怒火中烧，怒气冲冲地把服务员叫过来训斥了一顿。店里本来就忙，再加上店员也是20岁出头的年纪，血气方刚，听到他的训斥一脸不耐烦，转身去给他搬锅加汤，加汤的时候故意用力，汤汁溅在陶帅新买的毛衣上，他再一次冲着服务员怒吼道："你没长眼睛啊！倒个汤都倒不好，你还能干些什么！"服务员听他出言不逊，回击道："你骂谁呢？你是不是缺爹少娘短教养啊!"两个人的言辞越来越激烈,到最后竟然大打出手,陶帅居然将邻桌那煮沸了的汤倒在了服务员的头上,服务员的面部毁容,最后法庭以"故意伤害罪"对陶帅做出判决。

一个人面部毁容,一个人坐了牢,起因只是上菜这么点小事,但罪魁祸首却是失控的愤怒情绪。愤怒是一种失控情绪,经常会让人丧失理智,做出不计后果的举动,最终让自己深受其害。所以,在日常生活中,当你被激怒时,千万不能轻易发火。谁如果轻易做了怒气的俘虏,谁的生活将变得不幸,最后为自己的愚蠢买单。

下面是消除愤怒情绪的一些具体方法:

1. 想办法拖延愤怒

如果你在某一特定的环境中极为典型地表现出愤怒,那么把愤怒拖延十五秒钟,然后以温和的方式爆发。下次设法拖延三十秒,不断延长间隔时间。一旦你开始意识到,你能抑制愤怒,你就已经学会了控制愤怒。拖延就是控制,经过多次实践,你最终能够完全消除它们。

2. 转移愤怒的情绪

心理学研究表明,在受到外界的刺激时,大脑会产生强烈的兴奋灶,这时如果有意识地在大脑皮质里建立另外一个兴奋灶,用它去取代、抵消或削弱引起愤怒的兴奋灶,就会使火气逐渐缓解和平息。例如,转移话题,找些开心快乐的事情干,播放令自己愉快的音乐、戏曲,阅读引人入胜的小说、诗歌,或出去走走等。

3. 学会换位思考

换位思考，即站到对方的角度上想问题，与他人互换角色、位置。俗话说："将心比心。"通过换位思考，充当别人的角色，来体会别人的情绪与思想，这样就有利于防止不良情绪的产生及消除已产生的不良情绪。当对方冒犯你时，你也可以站在对方的角度想问题，可能就会觉得对方的行为情有可原。这样一来，不良情绪就会减弱，甚至消失了。

4. 懂得宣泄情绪

愤怒将要发生时，除了坦率地讲出心中的不满，还可以通过其他方式发泄，例如，打沙袋、做些剧烈运动等。需要注意的是，情绪的宣泄要以不损害他人的利益为前提。

5. 向你信任的人寻求帮助

让朋友告诉你，他们什么时候看到你以言语或者以其他方式发怒。一旦你身上出现这种信号，你就马上想想自己正在干什么，并立即实行消除怒火的策略。

▶ 体察情绪，做情绪的主人

情绪是思想与行为相统一的一种综合的心理和生理状态。情绪的产生是由于对外界刺激产生了心理反应，以及附带的生理反应。通常情况下，我们在形容一个人情绪波动大时，经常会说"翻脸比翻书还快"，或是"点火就着"等，可见情绪的产生是非常快的，而且会对我们的生活产生极大的影响。

情绪有正面情绪和负面情绪之分。其中，正面情绪主要包括豁达、自信、宽容、热情等，负面情绪则主要包括愤怒、焦躁、恐惧、猜疑、嫉妒、仇恨、抑郁、自卑、冷漠等。正面的情绪可以让我们对生活充满希望，乐观开朗地度过每一天；而负面情绪则会导致消极心理的产生，让人们逐渐丧失对生活的信心。

很多人往往不知道自己存在很多负面情绪，因此常常认为自己的情绪是正常的，不存在任何问题，从而忽视了自己因情绪波动而产生的心理问题。

其实，情绪是无处不在的。当你好心帮忙却被别人误解时，你会产生委屈的情绪；当你一时冲动做了错误的决定时，你会产生懊悔的情绪；当你被人非议时，你会产生愤怒的情绪；当你看到幸运降临到别人的头上时，你会产生嫉妒的情绪；当你左右为难拿不定主意时，你会产生焦虑的情绪；当你得到别人的肯定时，你会产生快乐的情绪；当你不自觉想要伸出援手时，你会产生热情的情绪……

情绪决定着一个人的幸福与否，比如愤怒会让人失去理智、嫉妒会让人失去自我、自卑会让人封闭自己、悲观会让人放弃自己。当然，正面情绪也并非是有百利而无一害的，高兴过度有可能会乐极生悲，热情过度有可能会被别人误解。那么，我们究竟该如何管理情绪呢？体察情绪，是情绪管理的第一步。

田利民今年刚满30岁，结婚六年，有个爱自己的老婆和一个4岁的可爱儿子，本来婚姻生活幸福美满，事业也处于蒸蒸日上的状态。可是最近，他却发现老婆对自己的态度有些冷淡，儿子和他也不那么亲近了。

田利民总觉得老婆和儿子最近的表现十分怪异，可到底哪里不对劲儿，他自己也说不上来。又加上最近公司正在忙着评职称，他每天起早贪黑在公司里忙，根本没时间追问原因。

又过了一个星期，田利民以优异的考核成绩顺利评上了职称。这天他下班早，特意去幼儿园接儿子回家。回家的路上，田利民又想起这些天老婆和儿子的反常，便问儿子："宝贝儿，这一个月来我看你和你妈妈都不对劲儿，到底怎么回事？"

儿子挠挠头，说："爸爸，我和妈妈没事，是爸爸有事！"

田利民更加疑惑了："我有什么事？"

儿子委屈地说道："最近一段时间，爸爸总是很晚才回家，你不但没时间陪着我玩，我和妈妈甚至没时间看见你。而且，有的时候爸爸即使在家，也总是因为小事冲妈妈发脾气，说我也说妈妈！"

田利民听了不禁反问自己："我最近真的是这样吗？"他想起这一个多月来，为了评职称的事情，他每天都表现得比较烦躁，对老婆和儿子也没有耐心。如果不是今天问了儿子，田利民根本就不知道原来自己有这么多的负面情绪。而这些负面情绪，已经严重影响到家庭的和谐。

如果自己对情绪波动感知不到，该怎么去调整情绪呢？田利民的情绪影响到了家庭的和谐，但是他自己一点也没有觉察到，这就非常危险了。只有及时体察自己的情绪，才能够及时地控制情绪，避免影响家庭和睦。为了避免因受到情绪影响而做缺乏理智的事情，在情绪到来之前，体察情绪的变化是非常重要的。

美国著名心理学家丹尼尔·高曼认为，一个人幸福与否，80%是由情商决定的。而所谓情商，即指用科学的、人性的态度和技巧来管理自己的情绪，使自己摆脱负面情绪。

摆脱负面情绪，是幸福人生的保证，尤其是中年人，既要在职场上拼搏，承受事业带来的压力，又要兼顾家庭，照顾配偶、孩子，甚至是双方父母，在多重压力下，经常会在不经意间暴露出许多负面情绪，比如愤怒、恐惧、猜疑、嫉妒等，这些都会严重影响生活的幸福指数。

为了避免被情绪影响而不自知，我们需要学会时刻体察情绪，管理情绪。体察自己的情绪，就是经常思考"我现在感觉如何？情绪是什么？"或是经常对着镜子看看自己的现状。只有经常自省，时刻提醒自己，才能及时发现自己的不良情绪。这就像体检一样，及早发现疾病，才能及早治疗。同样，只有及早发现自己的不良情绪，在源头消除不良情绪带来的影响，才能拥有属于自己的幸福生活。

第 六 章

高情商的人，在自信中微笑

 大多数人更喜欢高情商的人

情商的英文是 Emotional Quotient，直译为情绪智慧，简称 EQ。情商是用来表示认识、控制和调节自身情感的能力。情商的高低反映着人的情感品质差异，对于人的成功而言有着比智商更为重要的作用。

多数人更习惯于将智商视为人生成败的决定因素，并将其作为衡量一个人能力的主要指标，甚至运用多种智力测试法测定一个人的智商水平。著名的美国哈佛大学搜集到的众多实例和实验结果显示：高智商的人不一定取得成功。智商的高低和一个人成就的必然联系再一次受到了质疑。

哈佛大学的威廉·宾德 11 岁的时候就考进了哈佛大学，这是让多少人羡慕、嫉妒又可望而不可即的。他的父亲从他出生开始就通

过各种方法开发他的智力，威廉3岁的时候就可以用本国语言自由阅读和书写，4岁时写出3篇500字的文章，6岁时写出一篇解剖学论文。小学入学当天上午被编入一年级，中午母亲接他放学时他已是三年级的学生。8岁上中学，11岁就考入了哈佛大学。可见，威廉·宾德的智商是非常高的，是普通人无法企及的，但你能猜得到结局吗？他后来离家出走，在一家商店当店员，一直都没什么作为。

类似的例子数不胜数。在这种情况下，人们开始思考除了智商以外决定成败的因素。在此后的几十年时间里，情商伴随着心理学家的研究问世。最初并不被心理学家重视的情商、情感等非智力因素被认为是决定成功的重要因素。

在我们的身边，经常会有一些高智商、高等学府出来的学生做出让人匪夷所思事情的案例，如清华大学高才生刘海洋泼熊事件、高等学府学生频繁的自杀事件等。这些高智商的学生由于自幼成绩突出，是老师和家长眼中的宠儿，遇到一点压力就无法承受，产生报复或轻生的念头，将自己的前途毁于一旦。

很多人认为，这些学生再熬个两三年就可以步入社会，找一份好工作，圆满一生。可事实真的如此吗？他们虽然足够聪明，但情商很低，不知道该如何控制自己的情绪，不知道如何去调整自己的心理状态，所以才会在遇到人生的逆境时选错处理方式。

在自我控制和面对人生挫折的心境方面，他们做得不够好。高智商人物出现的悲剧其实是可以避免的，可能他们未来能取得卓越的成就，但就是因为他们的情商不高才发生了让人惋惜的事件。

现实生活中还有很多人，他们的智商并不高，但是情商却很高，可能初中都没毕业，却带领着几十个甚至几百个大学生、研究生，甚至博士生开公司、搞研发。这些人无一例外很受人喜欢，因为他们懂得如何掌控自己的情绪。也就是说，他们的情商很高。

著名科学家爱因斯坦不仅智力超群，也是高情商的人。一次，由他证婚的一对年轻夫妇带着他们的小儿子来看望爱因斯坦。孩子刚看到爱因斯坦就"哇"的一声大哭起来，弄得这对夫妇非常尴尬。而爱因斯坦却并没有生气，而是温和地摸着孩子的头，高兴地说："你是第一个肯当面说出对我印象的人。"

在晚辈来做客的轻松气氛下，爱因斯坦的话不但没有损伤自己的面子，反而活跃了气氛，让前来看望他的这对夫妇可以在一种轻松的气氛中和他交流，融洽宾主双方的关系。

爱因斯坦的故事向我们展现了一个高情商者的魅力。高情商的人是备受大家欢迎的，因为他们可以融洽交际氛围，维持人际关系。试想，如果爱因斯坦因为这件小事而生气，那么他日后肯定少了这对夫妇朋友，其他人还会认为爱因斯坦是个不好相处的人，在以后的交往过程中不敢坦诚、小心翼翼。

所以，那些能够与人融洽相处的人肯定是快乐、大度、与人为善的人，他们可以从融洽的人际关系中获得更多意想不到的东西，而这些东西，是那些消极、小气、与人为恶的人一辈子也追求不到的财富。

▶ 高情商的人如何去面对别人的否定

　　每个人都害怕自己被别人否定，特别是被自己在乎的人或者上司否定，那是非常打击自信、非常糟糕的事情。而且，被否定很容易激发人的愤怒情绪。那么，高情商的人如何去面对别人的否定呢？

　　民间有这样一个古老的传说：一个勇猛的武士，性情暴躁，威猛好斗。一天，他找到一位老禅师，问他天堂和地狱的意义，老禅师却不屑地说了句："粗鄙之人，不配和我讨论。"武士恼羞成怒，拔出宝剑，剑尖直指老禅师的脖子："你这般无理，信不信我一剑杀死你？"老禅师面不改色，缓缓说道："这就是地狱。"武士恍然大悟，赶忙将宝剑收入剑鞘之中，向老禅师深鞠一躬："多谢禅师指点。"禅师回答道："这就是天堂。"

　　武士的顿悟说明人在面对别人的否定的时候很容易产生激动的情绪，却不知自己已经在不知不觉中走向万劫不复的深渊。

　　乔治·费多是法国著名的戏剧家，擅长写滑稽剧，《马克西姆家的姑娘》是他的代表作之一。但是《马克西姆家的姑娘》这部剧首场演出时却遭到了观众喝倒彩，在场的人认为这是一部糟糕透顶的戏剧。那天晚上费多也在那家剧院和朋友一起看戏，听到人们对自己的作品发出种种不满、嘲弄的时候，他却一反常态，跟着大声喝倒彩。

坐在他身边的朋友一脸惊愕："费多，你疯了？"

"没疯，"费多解释道，"只有这样我才无法听到观众的谩骂声，才能让自己不因此而伤心难过。"

面对着观众们的否定、指责，费多选择了站在谩骂的人群中。试问，有谁能拥有这样豁达的心境？费多敢于面对、倾听别人的否定言论，并从中分析出别人给予否定的原因，所以他才会快速进步，最终成为著名的戏剧家。

林宇佳最近心情很不好，因为单位有人事调动，她换了新领导。在过去的两年里，林宇佳兢兢业业。老领导交代的事情她都会认真完成，经常受到老领导的夸奖。在老领导的眼中，林宇佳在工作中是一名"三好员工"。

但是好景不长，由于单位人员调动，老领导调任，新领导上任，似乎老领导的离开带走了她身上所有的光环。不管林宇佳怎么努力，新领导对她的态度一直都不冷不热。更让她苦恼的是，新领导好像一直在否定林宇佳树立起来的权威，总在批评她工作中忽视掉的小细节，要不然就指责她业务能力不强。

连续一段时间被否定，林宇佳的情绪波动开始变大，一向稳重的她做出了很多不理智的事情。比如开会的时候和领导唱反调，从不回复领导在群里发的消息，经常和同事在背地里说领导坏话等。其实，林宇佳是在一步步葬送自己好不容易打拼而来的事业。果然，没过多久，林宇佳就因为"工作能力不强""爱八卦"等原因被领导忽视了。

案例中的林宇佳在面对新领导的否定时，第一反应就是找机会进行反击，发泄自己的负面情绪。殊不知，这种想法和做法都是错误的，不仅会导致你的工作环境充满负能量，而且会消耗掉你大量的工作热情。如果你每天想着如何去复仇，还会浪费掉你大量的宝贵时间。

时间是不可倒流的，流逝了就不会再有了。与其用这些时间去思虑一个我们讨厌的人，不如将这部分时间用来提升自己，让自己变得更加强大，达到真正的反击。那么遇到这种情况，高情商的人通常会怎么做？

1. 接纳对方——可能对方并不是在针对你

有的人聊天的时候就喜欢否定别人，与人沟通的时候，对别人的否定言语会自然而然地流露出来，他们的口头禅就是"切……""就你……"如果你因此而浪费大量的时间去和对方争论，你就会发现你只是在浪费口舌和时间，因为他们会有无数否定你的话在等你，到最后你只会生一肚子的闷气。其实不妨选择接纳对方，当对方否定你的时候，你可以告诉自己"可能他并不是在针对我，那不过是他的一种习惯"。

2. 接纳自己，相信自己的价值自己决定

有的人在受到别人的否定之后一蹶不振，觉得自己没有存在的意义，甚至丧失在职场上继续前进的信心。学会接纳自己，就是相信自己的价值由自己来定义，而不是由他人来定义。在别人否定你的时候，你要相信自己的价值所在。当然，相信自己价值的前提是

你拥有一两项过硬的技能，这样就可以避免看别人脸色吃饭了。如果你实在无法忍受别人的频繁挑刺型否定，可以直接选择离职。平时多培养兴趣爱好，不开心的时候做些自己感兴趣的事情转移注意力，让自己的心情变得舒畅一些。

3. 提升自己，用行动堵住别人的嘴

案例中的林宇佳心情难受的时候选择了说领导坏话、发脾气，却没有选择继续努力做自己该做的事情，没有去提升自己。从心理学的角度来说，很多痛苦的产生源于一个人执着于不能改变的事情。其实，我们是无法控制别人对我们的态度的。很多时候，哪怕你已经做得很好了，那些鸡蛋里挑骨头的人也还是能找出你身上的错来，哪怕你已经特别卖力地去做了，他们也还是可能会否定你。只有当你不在乎别人的否定言论，专注于提升自己，把自己变得更加强大时，才能更有信心，也才能在不知不觉中得到别人的尊敬。

4. 让别人知道你的优秀，敢于展露自己的才华

有时候，即使是一位成功人士，站到大街上也未必有人看得出来他的成功，他只有站在公司、待在所有人都知道他能力所在的地方才能获得别人认可。要知道，金子埋在土里也是很难显露光芒的。只有积极参加公司里的活动，展露出自己的才华，才能被更多的人熟知，才能受更多人的尊敬。

5. 积极给予对方肯定，影响对方对你的评判

喜欢否定的人通常喜欢通过否定别人来抬高自己。其实，他们的内心深处非常希望别人给予自己肯定。不管否定你的那个人是你的领导还是同事，如果你愿意主动肯定他，或许他也会逐渐卸下防御心理，不再那样具有攻击性。

▶ 高情商的人如何面对别人的大吼大叫

那天，陶丽丽去驾校考科目二，几百人一起进考场，各个年龄段的人都有，大家在候考厅里交流起来。考官一进门，就冲着在场的人大吼一通，场中虽然安静下来，但是每个人的脸色都有些难看。

随后就是考官点名，让考生到前面核对身份证，挨个出去考试。轮到陶丽丽的时候，她将身份证上的一个数字漏念了，考官立刻冲着她大吼道："连个身份证号都念不对，还考什么试啊！重新念！"在场所有人都看着陶丽丽，她羞得满脸通红，重新念身份证上的数字时，她的声音都有些发抖了。那件事对陶丽丽的影响不小，导致她科目二侧方位停车的时候就挂科了，而且在后来的考试过程中，她经常会因为面对教官而紧张。

案例中的陶丽丽作为一个成年人，心理素质却并不高。当她面对考官的大吼大叫时，因为害怕而选择了沉默。那么，如果换作一个高情商的人，该如何面对别人的大吼大叫呢？

1. 保持镇静，复述对方发怒的原因

当遇到有人冲自己大吼大叫时，大多数人的反应不是保持沉默，就是和对方一样大吼大叫，进行言语甚至肢体上的反击。其实，这些方式都不是最佳的。

保持沉默会让你将更多愤怒压抑在心底，很容易让你的情绪变

得低迷，这种低迷甚至会持续很长的一段时间，最终导致你在某方面的畏惧、失败。而言语或肢体上的反击只会导致更大范围的争吵，让情况更加恶劣。

其实最好的办法就是保持镇静。等到对方发泄完怒气之后，你再平静地复述一下对方发怒的原因。就拿上面的案例来说，陶丽丽完全可以镇定地告诉考官："我念身份证的时候因为紧张而出了错，您觉得耽误了您的宝贵时间，对我大吼大叫。"当你非常镇定自若地陈述对方发怒的原因的时候，对方很可能会有些吃惊，甚至会有点愧疚。因为和对方的感性相比，你的回复就显得理性多了，很容易将对方重新拉回理性状态。

2. 被误解，不卑不亢，耐心解释

一天早上，绮丽来到办公室，领导劈头盖脸对她一通骂。原来，领导以为绮丽是最后一个离开的，而办公室的电源没关。绮丽却知道，昨天自己离开的时候办公室还有好几个同事在加班，于是她不卑不亢地说："如果我是最后一个离开的，我肯定会关掉所有的电源，但是我走之后，办公室还有其他人，您可以再问一下其他人是谁最后离开的。"

如果你因为被误解而被人大吼大叫，第一步是要化解对方的怒气，第二步就是将问题解释清楚。解释的过程中不要带任何感情色彩，用客观事实说服对方。

一般来说，这种不卑不亢的解释之后，对方对你会更加尊重，而且会在下一次忍不住冲你发火时三思而后行。

3. 真是自己的错，立即认错

如果对方冲你大吼大叫是因为你真的犯了错，你就要立刻承认错误，而且承诺今后不会再犯类似的错。就拿上面绮丽的案例来说，如果真的是绮丽忘记关电源了，她可以这样对领导说："对不起，的确是我走得太匆忙忘记关电源了。您放心，这种问题以后一定不会再出现，下次离开办公室之前我一定检查好所有电源开关。"那么，想必领导也不会太为难她，揪着这件事不放。

此时，你千万不能因为对方朝你大吼大叫而发脾气，你需要保持冷静、理智。也不要觉得自己犯了错就要大难临头，应该及时表达自己知错就改的态度，这样也可以给对方一个台阶下，有助于问题的解决。

▶ 别人出洋相，"不看""不听""不知"

每个人都好面子，试想，如果在人际交往的过程中，对方出了洋相，该如何去应对？直接安慰？对方可能会觉得更尴尬，甚至会恼羞成怒。如果发生在别人身上的尴尬触及了对方的自尊心。一定要假装没发现对方的尴尬，这才是最贴心的解围方法，也能最大地保全对方的面了。

1. 装聋，应对尴尬的话

当对方说出引发尴尬的话时，要装作没听见或没听清楚，用另外的话题含混过去，这其实就是一种避实就虚的处理方法。

陶礼明是一名公共营养实习讲师。第一次在课堂上给学生们上课的时候，不知道是哪个学生脱口而出："陶老师的声音真清晰，比李老师强多了！"陶礼明顿时一阵尴尬，因为李老师就在教室的最后一排旁听，场面有些难堪。但是陶礼明灵机一动，装作没听见，继续说道："同学们请安静，咱们第一堂课是'医学基础知识'，这部分内容涵盖范围比较广，内容比较多，所以希望大家认真听讲，有问题举手发言。"此语一出，坐在最后一排的李老师也是松了一口气，尴尬局面随之化解。

陶礼明巧妙运用装聋的技巧避开了同学的赞美，用婉转的方式告诉李老师"我根本没听到他在说什么"，同时借讲课内容"广""多"，将那位同学的话定性为影响课堂秩序的不合时宜的发言，避免了那位同学因误认为老师没听到自己的赞美而再度发出更加让人尴尬的言论。

2. "痴话"，应对尴尬的场面

三个人同时到一家五星级宾馆去应聘客房服务员，经理给了应聘者这样的题目："如果你走错了房间，推开房门发现一位女客人一丝不挂地站在浴室里，而且她也看到了你，此时你要怎么办？"

第一位应聘者回答："我会跟她说'对不起'，随即关门并退出去。"

第二位应聘者回答："我会跟她说'对不起，小姐'，随即关门并退出去。"

第三位应聘者回答："我会跟她说'对不起，先生'，随即关门并退出去。"

结果，第三位应聘者被录取了。

很多人对这个结果感到疑惑，第三个应聘者说谎了啊，为什么要录取他？因为前两位应聘者虽然说的都是实话，但都会给客人留下解不开的心结，只有第三位的回答非常巧妙——假装自己没看清，称对方是"先生"，那么女房客就会想：他既然没看清我是男是女，自然也就没看清我没穿衣服。这样不仅大大降低了尴尬程度，也化解了女客心理上的羞愤感，可以说是两全其美的做法。

3. 装作不知道，巧妙避开尴尬

钱美琳是一家房产中介的业务员。一天，她去见一位客户，刚到约定的地点，她就发现客户脚上的鞋鞋底开了一小半，露出白色的棉袜。客户是位中年男士，在北京有一家小公司，按理来说也算得上是成功人士，不至于买不起鞋吧？这里面肯定有蹊跷。

钱美琳装作什么也没看见，笑容满面地朝着客户走去，那位客户看到钱美琳来了，也是站起来，但脚却未挪动一步，和钱美琳握手之后就又坐了下来，神情很不自然，显然心思都在鞋上，没有多少心思和她谈买房的事了。钱美琳也不着急，陪客户一边吃饭一边闲聊，慢慢地，客户自己也忘记了鞋子坏了的尴尬。吃过饭后，钱美琳面带微笑对客户说："先生，房子的户型和价位我都已经给您看过了，有什么问题您再给我打电话，那我就先回去了，请留步。"钱美琳离开了，客户让服务员在附近给自己买了双新鞋子，从容不迫地离开了，当晚就打电话告诉钱美琳说确定要那套房子了。

钱美琳巧妙运用"装作不知道"的技巧避免了尴尬。在社交场合中，很多人都曾遇到过意外状况，即使假装不在意，心里面还是挺不舒服的。如果在这个时候安慰对方，对方很可能误以为你在嘲笑他，反而更觉得没面子。这个时候，装作不知道，别人就会以为没人发现他正处在尴尬之中，心里也就不会那么纠结不安了。

▶ 委婉地告诉别人"你错了"

无论你用哪种方式指责别人，一个眼神，一种说话语气或一个手势等，你告诉对方错了，都是很难被人所接受的！因为你直接打击别人的智慧、判断力、荣耀、自尊心，会让对方想着如何去反击你，却绝对不会改变自己的观点。

因此，一定要避免用这样的开场："好，我证明给你看。"这种说话方式大错特错，这就相当于是在说："我比你更聪明。我要告诉你，你是错的。"

这样的说话方式相当于是在和对方挑衅，如果这种对话发生在同事之间，则很容易引起争端，在你开始阐述自己的观点之前，对方早就准备迎战了。

哪怕是用最温和的态度，要想改变他人的观点也是很难的。那么，我们为什么非要采取激烈的方式使对方更不容易改变呢？为什么要增加说服对方的难度呢？如果你想要证明什么，且不想让别人看出来，这就需要运用技巧，让对方察觉不出来。

三百多年以前的意大利天文学家伽利略说："你不可能教会一个人做任何事情，你只能帮助他自己学会这件事情。"正如19世纪英国政治家查士德·裴尔爵士对他的儿子所说的："如果可能的话，要比别人聪明，却不要告诉人家，你比他聪明。"

如果有人说了一句在你看来错误的话，你可以这么跟对方说："是这样的！我倒是有个想法，可能不对，如果我说错，我很愿意随时被纠正过来。我们来看看问题的所在吧。"或者用这样的句子："我也许不对，我常常会弄错，我们来看看问题的所在。"其实能起到非常神奇的效果。

无论在什么场合，都没人会反对你说："我也许不对，我们来看看问题的所在。"

道奇汽车在蒙大拿州比斯的代理商哈尔德·伦克就运用这个办法完美地解决了一个难题。

他说销售汽车这个行业的压力很大，因此，他在处理顾客抱怨时常常表现得很冷酷，于是导致了很多不必要的冲突，生意逐渐减少，而且发生了很多不愉快的事情。

哈尔德·伦克在上班的时候说："当了解这种情形对自己没好处之后，我便开始尝试另一种方法。我会这样说——我的确犯了很多错，真是对不起。关于你的车子，我们可能也有错，麻烦你告诉我。

"这个办法很容易让顾客不再对我剑拔弩张，等到他气消之后，他通常会更讲道理，这样一来，什么事情都容易解决了。很多顾客可能由于我这种谅解的态度而向我致谢，其中两位还介绍他们的朋友到我店里买车子。在如今这种竞争激烈的商场上，我们更需要这类顾客。我相信对顾客所有的意见表示尊重，而且用灵活、礼貌的方式进行处理，更有利于自己事业的发展。"

可能在对方面前你承认自己也许弄错了，也许犯错误了，那么对方就会放松警惕，不再对你步步紧逼，麻烦也就不会找上你。这样做不但能避免冲突，而且还能让对方和你一样宽容大度，承认自己所犯的错误。

一次，卡耐基请一位室内设计师给自己的家里布置窗帘，等账单送过来之后，卡耐基不禁大吃一惊。

几天之后，有位朋友前来看望卡耐基，看到了那些窗帘，而且问清楚价钱之后说："太过分了。他这是在占了你的便宜啊。"

他说的虽然是实话，可没人愿意听别人羞辱自己的判断力。因此，卡耐基开始替自己辩护。他说贵的东西肯定有贵的价值，你不可能用低价买到高品质而且有艺术品位的东西等。

结果第二天，又有一位朋友来拜访卡耐基，开始赞扬起那些窗帘，而且表现得非常热情，说他希望自己也能买得起那么精美的窗帘。

而此时卡耐基的反应完全不同了，他不好意思地说："说句老实话，我自己也负担不起。我付的价格太高了，其实我都后悔买这些窗帘了。"

当我们犯错时，可能会对自己承认。如果对方处理得非常巧妙而且适当，我们也会对别人承认，甚至会为自己的坦白、率直感到自豪。可如果有人想将难以下咽的事实硬塞到脑子里，结果反而会适得其反。

柔和的语言和生硬的语言会给对方两种截然不同的感受，所以对方所表现出来的态度也是不同的，高情商的人会委婉地告诉别人"你错了"，甚至通过不露声色的言语让对方承认自己错了，由此可见不同的说话方式对于同一件事情的导向作用有多大。

▶ 学会和自己不喜欢的人相处

在日常生活中，我们会遇到自己喜欢的人，同样也会遇到一些让我们心生厌恶的人。那些让你心生厌恶者可能是因为利益而与你站在对立面，也可能是因为某一次给你的印象不好而让你产生成见，也有的可能是因为身上的某种不良习惯让你看不惯。总之，在看到这类人的时候，难免会产生自然的心理反射作用。

但是，我们要明白一点，这其实是一种很不理智的心理状态。如果这个人根本没和你发生过任何利益纠葛，那就说明你的主观意识在作祟，最终使得你排斥、不愿意接触对方。如果对方有同样的回应，就很容易出现互相敌对的局面，相信这是任何人都不愿意见到的。

因此，为了避免因为对某人毫无根据的"厌恶"而树敌，我们就要学会去尝试与自己不喜欢的人交朋友，甚至要学会和自己不喜欢的人拥抱，这不仅是一种气度，更是一种胸襟。

郭子辉是某公司的销售员，而且已经有了三年的老资历。可以说，他从刚刚毕业进入这家公司开始，是看着公司一步步成长起来的。

可是最近一段时间，公司忙着改革，找来了一批精英。而其中有一位一上任就成了郭子辉的领导销售总监。虽然郭子辉一直都很期待自己能坐上这个位置，但最终只能无奈地接受了。

直到有一次，他与销售总监出去见某个大公司的客户，那个客户对他们公司而言非常重要。可当他们到了那里时，郭子辉才发现自己有份非常重要的采购表忘记带了，于是他返回去拿。可是当客户发现他的粗心举动后，心里有些不舒服。

此时，销售总监毫不留情地当着客户与其他人的面狠狠批评了郭子辉，郭子辉当场拍着桌子和销售总监大吵了一架，愤然离去。

在此后的工作中，他发现销售总监总是故意找自己的茬儿。他心里对销售总监的不满越来越大，甚至开始躲避销售总监。只要发现销售总监在那儿，郭子辉就会立刻觉得心里不爽。本来郭子辉希望能早点辞职，一走了之，但是他看到现在的就业形势十分不好，也只得留了下来，可是在工作上再也没有从前那么认真了。

一个人如果下定决心说"我绝对不会和我不喜欢的人交朋友"，其实并不是有骨气的表现，反而显得很小家子气，最后也只会在毫无意义的明争暗斗中消耗彼此的精力，最终只能两败俱伤。但是如果你能学会和自己不喜欢的人交朋友，那么除了能在某种程度上降低对方对你的敌意，而且还能够有效降低你对对方的厌恶之情。

实际上，学会与自己不喜欢的人交朋友，并没有想象中的那么困难，自己的态度才是最关键的，只要你能克服心理障碍，那就没什么是做不到的。

那么，我们该怎么和不喜欢的人打交道呢？下面的几种方法可作为参考。

1. 增加接触的机会，对对方要好一些

可能有的人选择躲避这些人，避免多接触能减少很多不必要的冲突。然而事实上，彼此之间越是不接触，隔阂就可能越深，因为彼此的误会可能会越来越多。反之，如果增加接触的机会，彼此能多了解一些，反而会避免做一些对方比较忌讳的事情。

2. 不要来硬的，要投其所好

如果对方喜欢喝点小酒，那么你不妨私下请他喝酒，这样慢慢地就可以改善关系。这是一种非常有效的可以短时间缓和彼此关系的方法。

3. 主动活跃气氛，做到其乐融融

大家一起相处时，可以多讲讲笑话，一起乐一乐。虽然这样做不太容易，但是一定要努力去做。在活跃的气氛下相处几次，彼此之间的关系也能得到缓解。

4. 保持适当的距离，避免树敌

和不喜欢的人相处时，尽量不要表现出厌恶，保持适当的距离能避免不必要的树敌。

5. 在关系僵持或者是恶化的时候，主动表示友好

当两人的关系僵持或恶化时，千万不要太爱面子，应当主动向对方示好，在关系尚未破裂时重归于好。

6. 包容和忍让也是非常重要的

哪怕你善待对方，对方仍然对你不好，你也依然要继续保持友好的态度。人非草木，孰能无情，更何况是人呢？只要你能心存善念并不断地付出，那么对方是一定会转变的。即使不转变，和你的关系也不会继续恶化。

因此，只要学会如何与自己不喜欢的人相处这门学问，你就能顺利打入各种交际场合和朋友圈子里，成为众人之中那个最受欢迎的社交能手。

▶ 情商小测试：你是情绪的"主人"还是"奴隶"

1. 看到自己最近一次拍摄的照片，你有什么想法吗？
   A. 感觉不称心　　　　B. 感觉还不错　　　　C. 没感觉

2. 你是否想过多少年后会发生什么让自己非常不安的事？
   A. 经常想到　　　　B. 从未想过　　　　C. 偶尔想过

3. 你的朋友、同事是否给你起过绰号，挖苦过你？
   A. 这种事经常发生　B. 从未有过　　　　C. 偶尔有过

4. 你是否经常受门窗是否关好、电源是否关好等问题的困扰？
   A. 经常　　　　　　B. 从不　　　　　　C. 偶尔

5. 你对与你关系最亲密的人是否满意？
   A. 不满意　　　　　B. 非常满意　　　　C. 基本满意

6. 半夜时，你是否经常觉得有什么让你害怕的事？
   A. 经常　　　　　　B. 从未　　　　　　C. 极少

7. 你是否经常因为梦见什么可怕的事而被惊醒？

    A. 经常　　　　　　B. 从未　　　　　　C. 极少

8. 你是否出现过多次做同一个梦的情况？

    A. 有　　　　　　　B. 从未　　　　　　C. 极少

9. 是否有一种食物使你吃后呕吐？

    A. 有　　　　　　　B. 没有　　　　　　C. 记不清

10. 除去看见的世界外，你心里有没有另外的世界？

    A. 有　　　　　　　B. 没有　　　　　　C. 记不清

11. 你心里是否时常觉得你不是你现在的父母所生？

    A. 时常　　　　　　B. 从未　　　　　　C. 偶尔

12. 你心里是否时常觉得有一个人爱你或尊重你？

    A. 是　　　　　　　B. 否　　　　　　　C. 说不清

13. 你是否经常觉得自己的家人对你不好？

    A. 是　　　　　　　B. 否　　　　　　　C. 偶尔

14. 你是否觉得没有什么人十分了解你？

    A. 是　　　　　　　B. 否　　　　　　　C. 说不清楚

15. 你在早晨起来的时候经常会有什么感觉？

    A. 抑郁　　　　　　B. 快乐　　　　　　C. 说不清楚

16. 一到秋天，你通常会产生什么感觉？

    A. 秋风秋雨秋萧瑟　　B. 秋高气爽，艳阳高照

    C. 没什么特别的感觉

17. 你在高处的时候，是否觉得站不稳？

    A. 是　　　　　　　B. 否　　　　　　　C. 偶尔

18. 你平时是否觉得自己很强壮？

    A. 否   B. 是   C. 不清楚

19. 你是否一回家就立刻将房门关上？

    A. 是   B. 否   C. 不清楚

20. 你坐在小房间里把门关上后，是否觉得心里不安？

    A. 是   B. 否   C. 偶尔

21. 当一件事情需要做决定时，你是否觉得很难？

    A. 是   B. 否   C. 偶尔是

22. 你是否常常用抛硬币、翻纸牌、抽签之类的游戏测吉凶？

    A. 是   B. 否   C. 偶尔是

23. 你是否经常因为碰到东西而跌倒？

    A. 是   B. 否   C. 偶尔是

24. 你是否躺在床上辗转反侧一个多小时才能入睡，或醒得比你希望的早几个小时？

    A. 经常这样   B. 从不这样   C. 偶尔这样

25. 你是否曾经看到、听到或感觉到别人觉察不到的东西？

    A. 经常这样   B. 从不这样   C. 偶尔这样

26. 你是否觉得自己有超乎常人的能力？

    A. 是   B. 否   C. 不清楚

27. 你是否曾经因为觉得有人跟着你走而心里不安？

    A. 是   B. 否   C. 不清楚

28. 你是否觉得有人在注意你的言行？

    A. 是   B. 否   C. 不清楚

29. 当你一个人走夜路时，是否觉得前面藏着危险？

　　A. 是　　　　　　　B. 否　　　　　　　C. 偶尔

30. 你对别人自杀有什么想法？

　　A. 可以理解　　　　B. 不可思议　　　　C. 不清楚

1. 计分方法

上述各题，选 A 得 2 分，选 B 得 0 分，选 C 得 1 分。

2. 测试结果分析

① 0 分＜总分≤20 分：说明你的情绪稳定、自信心强，具有较强的美感、道德感和理智。拥有一定的社会活动能力，可以理解周围人的心情，懂得顾全大局。

② 21 分≤总分≤40 分：说明你情绪基本稳定，只是较为深沉，对事情的考虑太过冷静，处事淡漠消极，不善于展现自己的个性。

③ 41 分≤总分≤50 分：说明你的情绪极为不稳定，目前烦恼太多，使自己的心情处在紧张与矛盾之中。

④ 总分≥51 分：很危险！你需要请心理医生做进一步的诊断。

第 七 章

生命如修行，不断修，不断行

▶ 恰当宣泄，缓解心理压力

承受巨大的压力时，一定要想方设法进行宣泄，否则很有可能被压力压垮。在选择宣泄方式的时候，一定要慎之又慎，只有恰当、正确的方式，才能起到舒缓身心的作用。

现代社会，生活节奏越来越快，人们所要承受的各种压力也越来越多，如果不及时为心理压力寻找一个宣泄的途径，就会对我们的身心健康产生极大的危害。

就宣泄的方式而言，应该积极向上、充满阳光，这样才能树立乐观、豁达的人生观。如果宣泄方式不当，如采取破坏公物、辱骂他人等手段，非但无法缓解压力，还会给自己带来更大的麻烦。

莉莉今年30岁，是一家外企的人事经理，尽管刚刚工作两年多，但是她每个月的工资已经有一万多元。与她的同班同学相比，挣的已经算是多的了。可是，金钱的富足并不能解决心理上的压力问题，她常常因为压力太大而身心俱疲。

公司里同事颇多，人员流动也很频繁，再加上公司最近成立了新的部门，需要大量招聘新员工，单单是面试这一项工作，就已经让莉莉感觉有些力不从心。每天回家之后，她都有种睡下不想再起来的感觉，可是到了第二天，依然要拖着疲惫的身子赶到公司去上班。

有朋友建议她适当进行一些锻炼，可以调节身心，舒缓紧张的情绪。莉莉每天累得倒头就睡，她哪里有时间和精力去锻炼呢？莉莉的父母看在眼里，急在心里，不知道要怎样帮助自己的女儿减压。

过了一段时间，莉莉的父母发现莉莉变得很爱上网，每天下班回家以后，就在电脑上写东西，写完之后，莉莉的心情就轻松很多，压力似乎一下子消失不见了。他们感到很奇怪，便问莉莉是怎么回事，莉莉告诉他们："我在玩'漂流瓶'呢，我把烦恼和压力写下来，放进漂流瓶里，当漂流瓶被人捡起的时候，那个人就会读到我写的东西。尽管并不是每个人都会安慰我，可是在这个过程中我已经宣泄了心中的压力，整个人都感觉舒服多了。"

莉莉的父母并不知道"漂流瓶"是什么，可是看到莉莉放下压力的包袱，他们都感到很高兴。

通过"漂流瓶"，莉莉宣泄了心中的压力，这种方式是非常恰当的。这是因为捡起"漂流瓶"的人并不知道莉莉是谁，这让她减少了怕被别人认出的压力。另外，这种方式相对平和，既能宣泄情绪，也不会对任何人造成伤害，可谓恰如其分的好方法。

面对压力，很多人都想尽情宣泄，但每个人选择的宣泄方式又会有所不同。在诸多可选的方式中，伤害别人或自己的方式切不可取，表达过于激烈的方式也不可取，而应该选择一些相对温和、不影响他人的方式，来缓解心理压力，只有选对宣泄方式，才能真正让自己放松下来。

1. 哭泣宣泄法

随着一个人的成长，抗压能力逐渐增强，宣泄情绪的方式也逐渐增多，但当遇到棘手的事情时，你可能发现很多应对手段都用不上了，就会在不知不觉中退化到小时候的宣泄和应对的方法——哭泣。其实，你哭出来的时候内心的压力也会一并宣泄出来。因此，当你哭完时会产生一种轻松感。哭泣宣泄法虽然对于成年人而言并不常见，但却不失为一种好的宣泄方法。偶尔哭哭，你会发现自己的心情放松了很多。

2. 想象宣泄法

想象是万能的，不管你在日常生活中遇到什么事，只要你闭上眼睛，发挥自己的想象力，再困难的事情也会烟消云散，似乎一切都"心想事成"。虽然想象只是一种类似阿Q精神的精神胜利法，但它却能暂时让人过一把"心瘾"，帮助人们调节心理、疏导压力。

3. 媒介宣泄法

当你感到内心压抑无法宣泄出来时，不妨看一部让人悲伤的小说或电影，或是感受一下秋风秋雨秋萧瑟，将内心的压抑借助不同的媒介宣泄出来。

4. 同化宣泄法

同化是一种深层次的模仿，当失去重要情感时，用在内心里和别人同化的方法缓解内心的痛苦来恢复心理平衡。比如有的人失恋以后，会无意识地模仿恋人的某些动作、语气、步态等，让人感到反常。其实当事人自己都没察觉到自己的这一反常，但这能缓解他内心的痛苦，是一种无意识的条件反射。

▶ 偶尔吵吵架，也未尝不可

有些人喜欢将所有的问题都埋在心底，有了矛盾或者误会也不会主动说出来，这样对解决问题并无助益。在适当的时候，适度地吵吵架，可以排解负面的情绪，也能调整自己的心情。

一提起吵架，很多人的头脑中便会浮现出乌烟瘴气、鸡飞狗跳的画面，认为吵架会对正常的人际交往产生负面的影响，也是给身心健康带来不利影响的重要原因之一。诚然，在我们身边，确实有许多因吵架而产生不良后果的负面案例，但是凡事都有两面性，适度地争吵，其实也具有一定的积极作用。

在争吵的过程中，双方可以发泄心中的情绪，将自己的种种不满表达出来，这对于心理健康具有积极的意义。从某种角度上说，争吵甚至可以起到拉近双方心理距离的作用，成为增进感情的有效手段。所以说，只要将争吵控制在一定的程度之内，争吵并不像很多人想象的那样恐怖。

就实际效果而言，喜欢争吵的人性格往往比较直率，想到什么说什么，吵完就过去了，所以感受到的压力并不大。不愿意争吵的人则不愿表达情绪，即使心中有事，也喜欢一个人默默承受，随着时间的推移，心中的压力会越来越大。这些压力就像威力巨大的不定时炸弹一样，万一什么时候爆炸，就会有很多人受到伤害。

晓鹏和孟刚是一个村的，又在同一所大学读书，所以关系非常密切。

晓鹏性格直率，孟刚性格腼腆；晓鹏爱玩爱闹，孟刚喜欢读书。尽管两个人在很多方面都有所不同，可是同乡之情还是让他们成了要好的朋友。

一次期末考试之前，晓鹏向孟刚提出了一个请求："考试的时候，你给我看看卷子，行不行？"

孟刚断然拒绝："不行，你这是作弊。"

"我不用你给我传答案，只要你侧一下身，我能看到就行。"晓鹏继续请求。

"不行，让你看我的卷子不是在帮你，而是在害你。"孟刚十分真诚地说。

"还好朋友呢？这点小忙都不帮！真是指望不上你！以后别跟我走那么近了，我是坏学生，免得带坏了你！"晓鹏带着埋怨的语气，边说边走开了。

孟刚本想继续解释，但是看到晓鹏走了，便不再说什么。

考试结果出来，晓鹏挂了两科，孟刚则门门九十分以上。

这一下，晓鹏更生气了。在接下来的一段时间里，晓鹏只要看到孟刚，便要挖苦他一番，把孟刚说成一个无情无义、不近人情的人。

刚开始的几次，孟刚虽然心里生气，但以为晓鹏只是发发牢骚，过去也就好了。可是晓鹏显然不是这样想，他见孟刚没有回击，以为孟刚是感到羞愧，于是变本加厉地挖苦起来。孟刚一再忍耐，但是人的忍耐毕竟是有限度的。在晓鹏又一次挖苦自己的时候，孟刚突然爆发了，他大声地斥责晓鹏，批评晓鹏的种种行为，甚至将晓鹏初中时的丑事都讲了出来。

所有的人都被孟刚吓到了，谁都没想到他会有如此"凶残"的一面。尤其是晓鹏，他本以为自己对好朋友的挖苦，顶多换来一场小小的争吵，没想到迎来的竟是狂风暴雨一般的猛烈反击。这件事情之后，晓鹏和孟刚之间的关系彻底破裂，两人十几年的友谊就此烟消云散。

孟刚并不善于发泄自己的情绪，面对晓鹏一而再，再而三的挖苦，他选择了默默忍受。可是，他显然没有意识到问题的严重性，也没有想到负面情绪会让自己有反差如此巨大的表现。如果在晓鹏刚刚开始挖苦自己的时候，他就能够和晓鹏吵上一架，相信晓鹏就不会再去挖苦他。那样的话，孟刚就不会遭受负面情绪的侵扰，两个人也不至于走到分道扬镳的境地。

在生活中，大部分人都希望能和别人和睦相处，为了维护良好的人际关系，即使受了委屈，也不愿意用吵架的方式来解决问题。殊不知，如果长期积压负面情绪，我们的身心健康将会受到不利的影响。

换个角度想一想，其实吵架就是在表达自己的思想，这恰恰说明双方都有解决问题的意愿。只要适当控制自己的言行和态度，让吵架处于可控的范围之内，其实偶尔吵吵架并不会影响双方的关系。

▶ 学会倾诉，将焦虑说给别人听

在应对焦虑的所有方法中，向别人倾诉是极好的选择。当我们被焦虑困扰的时候，通常非常希望得到别人的劝解和宽慰，而倾诉恰恰可以起到这样的作用。

适当地向别人倾诉心声，可以减小自己的压力，令自己在较长一段时间内保持健康轻松的心情。所以，当你遭遇焦虑情绪，被它折磨得痛苦不堪时，一定要想办法尽快排解。因为长时间被焦虑情绪所影响，将会对身心健康造成巨大的负面影响。

排解焦虑情绪的方法有很多，比如，转移注意力、向别人倾诉、体育锻炼、听歌、自我暗示等，这些方法都有一定的作用，其中更加有效的方法是向别人倾诉。就像人们常说的那样：与别人分享快乐，你的快乐就会加倍；与别人倾诉痛苦，你的痛苦就会减半。当你将心中的焦虑说给别人听之后，你的焦虑就会减少一半。

在一架飞机上，两位素昧平生的女士并排坐在一起。其中一位是心理医生，另一位则是公司职员。两位女士都是单独出行，于是在枯燥的旅行中闲聊了起来。她们从旅行的目的聊到各自的生活，话题很快便转移到工作上面。

公司职员说："我的工作压力太大了，现在工作很忙，有时我会觉得力不从心，而且公司来了很多新人，我总担心会被他们取代，所以我非常焦虑，有时候晚上根本睡不着觉。"

心理医生点了点头，说："是啊，现在的生活节奏太快了，很多人都有很大的工作压力，有时候我也感觉很疲惫。不过这是现代人的通病，你也不用过于焦虑，还有很多人比你压力更大呢！"

公司职员听后说："我感觉焦虑总是缠着我，我出来旅游就是想散散心，排解一下压力。不知道这种方法有没有用。"

心理医生又点了点头，说："旅游是可以舒缓情绪，能让你放松下来。不过还有一个方法更有效，那就是和你的朋友聊聊天。旅游并不能随时实现，可是找朋友聊天是一件很容易的事，很轻松就能做到。"

两位女士愉快地聊着，不知不觉飞机就降落了。两人分别的时候，公司职员对心理医生表达了谢意，她觉得跟心理医生聊过之后，自己的心情愉快了许多。

在这之后，每当公司职员感到焦虑的时候，她就找自己的朋友倾诉，这让她的焦虑情绪得到了及时的排解，总能保持良好的精神状态。

在和心理医生交流的过程中，公司职员不知不觉地说出了自己的焦虑，这让她变得轻松和愉快。人总是强烈地想要摆脱焦虑，可又不能仅凭意愿就能实现。当我们有焦虑情绪的时候，千万不能一直憋在心里，因为总是胡思乱想的话，时间长了就会伤身劳神。对于任何一个人来说，适当地倾诉都是十分必要的。

感到焦虑时，你会发现自己的某个部位变得非常紧张，此时不妨先放松这个部位，你越是能做到深呼吸和放松，越能克服焦虑。

当然，你还可以去一个空旷无人的场所大声喊叫，用来疏解心中的郁闷和焦虑；或是通过改变满足心理需要的方式寻找新的精神寄托。例如：充实和丰富家庭生活和个人爱好，加强与亲朋故友的交往，适当从事一些力所能及的兼职或第二职业活动等都有助于改善焦虑心理。

▶ 从兴趣爱好中寻找欢乐

不管你愿不愿意承认，人的一生都要经历这个过程——生、老、病、死。衰老是不能避免的，可仍然有很多活到百岁、活过百岁的老人依旧精力充沛，展现出了自己的健康与活力。究竟是什么让他们健康而长寿呢？答案就是——兴趣爱好。

兴趣爱好对一个人来说非常重要，有兴趣爱好生活才会丰富多彩，才会有滋有味。兴趣爱好对老年人来说也非常重要。兴趣爱好能给人以快乐的期望和感受，兴趣爱好越强烈，期望和感受越强烈，兴趣和爱好是对人的需求的一种满足、调剂、丰富，而任何需求得到满足都能让人产生愉快的感觉。

老年人退休以后，多数都是独自一个人待在家中，生活非常枯燥、无味，有时候甚至独自一人一坐就是一天，可一旦有了兴趣爱好，就会不知不觉地动起来。合理、适当地调节身心，有助于养生和保健，不但能扩展生命宽度，还能延长生命的长度。

从正常工作到退休应该有个过渡阶段，老年人应当提前为自己做打算，如果你之前非常热爱自己的工作，千万不能因为退休而不再工作、郁郁寡欢，而是应该找个合适的、相似的工作继续做下去；如果你喜欢书法、作画、植树种草等，可以拾起自己的兴趣爱好；如果你实在不知道自己喜欢什么，可以读老年大学，或是多到公园、广场等便于交流、健身的地方转转，陶冶情操、舒缓身心、广交朋友，充实退休的日子。

有位诗人曾说过这样的话："为了您的身心健康，请培养至少一种爱好，而健康的身心正是快乐的唯一寄托与内在体现。"

人最少应该有一项爱好，爱好越广泛越好，因为爱好可以增加获得快乐的途径和机会，但兴趣和爱好得不到满足的时候，人就会产生痛苦的感觉，所以要选择容易被满足的项目作为业余的兴趣、爱好。

其实，很多我们知晓的长寿名人都是兴趣广泛的。

邵逸夫，享年107岁，掌管香港无线和邵氏两大娱乐王国，2010年离任电视广播公司主席职务，当时已经年过百岁，香港人亲切地称他为"六叔"。曾经有记者问他养生的秘诀是什么，邵逸夫说："我的最大乐趣是工作，只有保持工作才能长寿。"邵逸夫年轻的时候每天晚上只睡5个小时，其余的时间都处在工作的状态。即使到了古稀之年，他仍然坚持每天工作16个小时。香港无线电视总经理陈志云说"六叔"非常喜欢看《憨豆先生》，而且喜欢和年轻人接触，因为和年轻人接触多了自己的心态也会变得年轻。

钱学森，享年 98 岁，是中国著名的科学家、载人航天奠基人。钱老每天除了看传统报刊，还喜欢听广播。听音乐是钱老的休养方式，他认为音乐可以给自己慰藉，能引发自己的幸福联想，钱老还说："我没有时间考虑过去，我只考虑未来。"他那积极向上的精神、乐观的心态和他的长寿有着密切关联。

侯仁之，享年 102 岁，中国著名的历史地理学家，擅长长跑，长年坚持运动。侯老的学生认为，侯老之所以长寿，除了和他坚持跑步有关，还和他那宽广的胸襟和徒步旅行的爱好有着密切关联。从地理学的角度上说，徒步旅行是专业研究的需要。侯老的学生朱祖希曾回忆，1955 年秋天，他在北京大学，侯老给新生上的第一课就是徒步旅行：他带着二三十个学生由北大西门出发，向西，走挂甲屯，边走边介绍北京的历史及变迁。在侯老看来，多和大自然接触，不仅能增长知识，还能将大好河山的景色收揽于眼中、心中，让身心更加愉悦，提升自身免疫力。

吴阶平，享年 94 岁，是著名的医学家。吴老每天早晨五点半起床，从不赖床，中午会小憩一会儿，晚上十点之前肯定会上床睡觉，生活非常有规律。除此之外，吴老还有个习惯，只要身体条件允许他就会写日记，记录当天的工作、生活方面的内容，家中的书柜里有个专门放日记本的格子，里面的日记按年份摆放得整整齐齐。年轻时的吴老兴趣广泛，不管是文艺还是体育都拿得出手。等到年事渐高，不能打网球、羽毛球时，吴老便开始看体育节目。他说："体育节目竞争性强，看看可以使人精神振奋。"

通过这些名人案例我们不难看出，哪怕他们的工作非常忙，承受着各种压力，但只要有时间，他们都会坚持自己的兴趣爱好，如书法、摄影、画画、修剪花草等，在尽情发挥自己的兴趣爱好的同时健康了身心，何乐而不为呢？

▶ 一盘棋，博弈如人生

金庸的小说广为人知，尤其是武侠小说，如此知名的作家却有一个不为人知的爱好——下围棋。他的这个爱好和他的成长环境有很大的关系：他的家乡海宁是围棋之乡，清代"围棋四大家"中的范西屏、施襄夏就出自海宁。

金庸曾回忆称他小时候江浙一带围棋之风很盛，"每一家比较大的茶馆里都有人在下棋。中学和大学的学生宿舍中，也经常有一堆堆的人在围着看棋"。金庸的祖父也非常爱下棋，当时家里有个小亭子，是专门用于祖父和客人对弈的。受身边人的影响，金庸也爱上了围棋，没人对弈时，他就自己和自己下棋。

金庸性格喜静，和围棋这种脑力运动天生契合，有人曾评价金庸是个"极为内向的人，不喜应酬、不善辞令，下围棋是他最大的兴趣"。

下围棋的过程中，两人专心致志，心无杂念，倾注精气神于棋盘之上，最终会形成豁达的心态。金庸的朋友回忆称，"长子逝世后，他（金庸）对围棋的喜爱几近疯狂"，可见，围棋帮助金庸渡过了心理上的难关。

下棋流传已久，发展至今比较普及的包括国际象棋、象棋、围棋、五子棋、军棋、飞行棋等。下棋不仅有助于开发人的智力，对人的心理、精神方面的调节也有着不可小觑的作用。

田庆义今年 12 岁，从小就喜欢下棋，而且他的学习成绩也非常好，还是班干部，在众多学科中，最突出的就是数学。田庆义的父亲也是一个围棋迷，而他正是在这样的家庭氛围熏陶下才对围棋产生如此浓厚的兴趣。

田庆义曾多次在班级、校级、市级围棋比赛中获奖，成了学校里名副其实的"红人"，很多同学都认田庆义当师父，大大提升了他的自信心。在田庆义的父亲看来，下围棋不但锻炼了他的思维，培养了他的大局观、逻辑推理能力，增强了他的记忆力、注意力，还让他在竞技比赛中懂得遵守规则、尊重对手，正确看待输赢。

在最开始学下围棋的时候，田庆义一直是父亲的手下败将，虽然父亲偶尔会让着他，但还是输多赢少。这种情况持续没多久，田庆义就产生了极大的挫败感，有时候甚至因为屡次输棋而哭鼻子。而父亲却告诉他："人生没有一帆风顺，你只有保持平和的心态，想办法反败为胜，才能在围棋的道路上越走越远。"田庆义把父亲的话牢记在心里，他从最开始的因输棋而哭鼻子，到逐渐懂得如何理性对待胜负，终于有了自己对下棋的领悟，而且相对于同龄人更加成熟、理智。

在棋局的一盘盘输赢之中领悟人生，并从中学会冷静思考、沉着稳重，让自己日后遇事也能秉承这些品质，拥有"一蓑烟雨任平生"的豁达。

其实，下棋不一定要赢，关键是调节心态和情志。下棋最大的收获就是做事逻辑性强、条理清晰，具有计划性，还可以让人在失败中不断总结经验。下棋和做人的道理一样，要胸怀大局，从容应对过程中的变数，沉着冷静地去突围，才能最终获得成功。

不过下棋益处虽多，但也有禁忌。

忌时间过长。下棋时间过久，运动量大大减少，运动系统功能就会减退。尤其是在棋逢对手、竞争激烈的时候，注意力比较集中，姿势比较单一，颈部肌肉、颈椎会长时间保持一个姿势，容易导致局部循环不良，肌肉劳损，易出现紧张性头痛、颈椎病，而且会降低胃肠的蠕动，引发消化不良、便秘，还会导致心肌收缩力、身体免疫功能下降等。

忌争执不让。有的人弈棋争强好胜，经常因为一兵一卒而发生争执，甚至唇枪舌剑，产生激烈的言语冲突，从而导致交感神经兴奋性上升，心动过速，血压骤升，心肌缺血。下棋的目的是娱乐，调节心态，如果因为下棋而心情不好了，不是有悖初衷吗？

忌不择场地。喜欢下棋的人，往往不择场地，有时蹲在路旁，有时席地而坐，有时伸颈折背观其胜负，哪怕周围尘土飞扬、风沙扑面，仍不为所动，奋战沙场。而且，棋子经过与多人的接触，易被各种细菌污染，变成疾病传播途径。久而久之，病从口入，危害身体健康。

▶ 书法字画，陶冶身心

养生养心之道上，练习书法、绘画是非常不错的方法。在挥毫泼墨时，内心的"浩气虚怀"是第一位的。书法讲究气，要做到"三到"——笔到、气到、心到。气到之时，提笔如有神，方可运转自如。

中国的字画是世界上公认的高超的传统艺术，练习字画的过程是一种享受，也是心理调节的一种方式，能加强修养、陶冶情操、延年益寿。所以，中国有句古话"书画多长寿，寿自笔端来"。

我国的书画家长寿者居多。古代人的平均寿命仅为 40 岁，书画家活到 80 岁的却有很多。清代善于写榜书的梁同书活到 92 岁，唐代的虞世南、欧阳询寿命分别达到 80 岁、84 岁，中唐的柳公权活到 87 岁，著名书法家陶博吾活到了 96 岁，著名画家齐白石活到了 93 岁，著名书法家郭沫若活到了 86 岁，著名书法家赵朴初活到了 93 岁，著名书法家舒同活到了 93 岁，上海南汇书法家苏局仙活到了 109 岁。

不管是古代的画家、书法家，还是现代的画家、书法家，长寿者不在少数。书法、绘画的过程柔中有刚，有利于舒经活络、促进新陈代谢。从心理上说，练习书画讲究心静、集中精神，能改善大脑皮质和自主神经功能，让思维更加敏捷。

练习书法的时候要注意调整好姿势，双脚分开与肩同宽，松腰宽肩，含胸拔背，双手自然放平，左手按纸成弧形，右手拿笔，身体轻松自然，有利于全身肌肉、血管、神经放松，慢慢地进入到静的状态。练习书法的时候聚精会神地读帖、临帖，能调整精神状态，集中意念。练习书法的时候要呼吸自如，深长、均匀，不可屏气或故意抑制呼吸，以免影响心肺功能。

中国书画艺术讲究意境，书画家们长期保持在平和的状态中，有助于修身养性。书画家们学艺的时候，会尽可能地多欣赏、临摹前人之书画名作，不管是欣赏、临摹前人书画，还是自创，每天接触美好的事物，整个过程中接受着高雅艺术的熏陶，心灵上很容易得到满足。书画家们写字作画的过程中，身体站立，铺纸挥笔，手臂动作较大，创作大幅书画作品时会不停走动，肢体活动频繁有助于全身血脉之通畅，促进机体新陈代谢，对身体健康大有益处。

练习书法和练气功有着异曲同工之妙。气功柔中有刚，讲究意念，意到则气到，运气至全身，气脉畅通无阻，如此即可祛病强身。书法也是如此，意到笔到，这和气功的以意使气一样，练字的过程就如同练气功。

书法讲究的是精、气、神，写字首先要拥有饱满的精神，这样作出的字画有神韵。何乔璠的《心术篇》上有记载："书者，抒也，散也。抒胸中气，散心中郁也。故书家每得以无疾而寿。"正所谓"书者长乐，书者长寿"。清代皇帝康熙曾说过："朕所及明季之与我之耆旧，善于书法者俱长寿，而身强健。"他还解释了这里面的缘由：书法家为了写好字，挥毫前要"收视厌听，绝虑凝神，尽量做到心正气和，其效果对于身心健康大有好处"。"人果专心于一艺一技，则心不外驰，于身有益。""凡人心志有所专，即是养身之道。"

康熙皇帝一生酷爱书法。康熙活到了 68 岁，算是历代皇帝中长寿的一位，他长寿很重要的一个原因就是喜欢书法，通过练习书法助心性，为长寿打下了基础。著名书法家潘伯鹰说过："心中狂喜之时，写毛笔字，能使头脑冷静下来；心中忧闷之时，写毛笔字，又能使精神愉快。"

虽然练习书法有益身心健康，但是要注意切勿因此而争名逐利，与人攀比，给自己施压，要明白，练习书法为的是心情愉悦而非增添压力。作画也是如此，它是一种精神寄托，一种爱好追求，绘画的过程不仅能增添人对美好未来的憧憬，更增添了幸福感，精神愉快，则身心健康。

书画艺术能养心助心，静坐作楷隶行篆之书，能平静躁动的心；任意挥洒，作章草狂草大革之书，或泼墨作画至痛快淋漓，能释放心灵。

练习书画的过程中，整颗心都能安静下来，使整个人有种置身事外的感觉，可以养神健脑益心，是积极的消遣娱乐。全神贯注练习书法的过程中，内心之中的烦闷就会暂时消失，大脑得到充分的休息，做其他事情的时候效率会倍增。头脑、心安静下来，紧张的精神就能得到缓解，让人产生愉悦的心理。练习书法能磨炼意志，修炼气质，提升智力，进而宽心、强心。

▶ 适当运动，挥洒汗水，赶走阴霾

过去，人们都羡慕那些坐在办公室里不用卖力气就能赚钱的人，相比那些汗流浃背的农民和工人，坐办公室更轻松自在些。可是现在的人却不这么认为，虽然办公室不需要做什么体力活，表面上不劳累，但脑力劳动却更容易让人疲劳。

李铭是某公司的编辑，每天忙于工作，经常加班熬夜，却从不锻炼身体，甚至一整天都坐在椅子上懒得动弹，整个人看起来懒洋洋的，也不爱说话。就在前段时间，他因突发心肌梗死差点儿没命。他是个温文儒雅的人，无任何不良嗜好，也从来不抽烟喝酒，平时早睡早起，虽然有时候会加班熬夜，但至于突发心肌梗死吗？

陈盼盼是某公司的策划，每天埋头工作到深夜，从白天坐到晚上。最初来公司的时候，陈盼盼做出来的策划方案还是不错的，但是后来却越来越差，整个人的脾气也是一百八十度大转弯，从原来的文静淑女变成了暴躁泼妇。工作一年多以后，竟然因为抑郁症离职了，因为她觉得所有的同事都不喜欢自己，领导也不认可自己的工作能力，工资没有上涨，人缘还越来越差，内心压抑，越发没有灵感……

久坐对人体的危害是众所周知的，更何况熬夜工作，会耗费心神。案例中的李铭在连续的脑力劳动中，心血管始终处在紧张的状态，血管发生严重的痉挛，最终诱发心肌梗死。哪怕不熬夜，每天从事脑力劳动的人也要格外注意，尽量避免长时间用脑，防止因脑部长期疲劳而累及心血管。这是久坐、不运动对身体方面的危害。

再来说说陈盼盼，她在办公桌前一坐就是一整天，再加上经常熬夜，脑子比较混沌，思维比较局限，心情也比较紧张，连续想不出方案，心情就更糟糕了。这样的恶性循环，势必会影响她的事业发展。

一般来说，工作2小时后大脑会觉得疲惫，此时不妨通过做运动来休息。如果你是不怎么缺觉的脑力劳动者，久坐不动会导致身体处在低兴奋状态，但大脑一刻也不得闲。此时的这种"静止"的状态反而不利于休息，体力消耗得少。这就是为什么过去那些不出闺阁的女子大都元气不足的原因。

不管是在日常生活中，还是在影视剧中，我们都能听到这样的话，"别不开心啦，咱们去跑步机上出出汗，你的心情就会好些""工作压力大，咱们去攀岩吧，好好放松一下""想哭，去操场跑十圈吧"……这些言论并不是毫无根据，运动减压是一种有效、无副作用的良药。如今生活节奏越来越快，每个人都有自己的心结，都有自己要处理的心事，都有焦虑和压力，而这些都能通过运动进行适当的排解。

科学研究表明，运动能刺激人体的内啡肽分泌。当运动达到一定量时，内啡肽的分泌增加。在内腓肽的激发下，人的身心就会达到一种轻松愉悦的状态。所以，内啡肽又被称为"快乐激素"，它可以让人变得欢愉、满足，帮助人排解压力与不快。

心理学家认为，运动能帮助人减轻因精神压力过大带来的心理负担，就好像人在愤怒的时候"敲、砸、撇、摔"一样，有释放、宣泄的作用，但是运动没有这么暴力，它是一种合理行为，能达到减弱或消除心理压力的目的。而且一旦遇到心理压力不及时解决，钻牛角尖，很容易引起生理和心理上的疲劳，而运动可以让不良刺激得到转换，让紧张、焦虑、不安的情绪状态被改善，心理承受能力增强，适应能力增强。

事实表明，中等偏上强度的运动如登山、跑步、打篮球等，持续30分钟以上才可以刺激"快乐激素"的分泌。当然，为了达到通过运动放松身心的目的，最好选择自己喜欢的运动项目。

我们可以看看身边的成功人士，他们都有自己喜欢的一两项运动。比如王石喜欢登山，马云喜欢太极，潘石屹喜欢跑步。心理学家认为，那些经常锻炼的人积极性更高，专注力更强。

运动的过程中，人们往往需要不断克服客观困难（环境、难度、意外等）与主观困难（胆怯、退缩、不自信等），才能将运动做完整、做到位，只有通过不断地练习、训练和磨炼，才可以在运动中得到肯定、赞美与羡慕，才能获得自我成功的认知与高峰体验。成功的经历对人的自我效能感的影响最大，只有自我效能感不断提高，人们才能感觉到自己有能力、有实力去应对自己所面对的各种困难，拥有更加坚韧的内心。

读到这儿，大家也就了解了运动对我们的益处：除了能强身健体，更重要的是能让一个人的心理保持在最佳状态。所以，需要提醒大家的是，尤其是那些处在高强度工作中的人，闲暇的时候多锻炼，挥洒汗水的同时赶走阴霾。

▶ 多读书，带你走入宁静

阅读是获取知识非常有效的方法，而写作则可以吐露你的心声。在你遇到问题的时候，很多的问题都可以从书本中找到答案。好的书籍更可以增加人的智慧、开阔视野。在我们工作之余，不妨去读一本书。当今社会，浮躁的生活方式很难让人静下心来，审视自己的生活。而在人的精神世界里，都渴望获得一分宁静和祥和。阅读就是带你走入宁静的钥匙，正视自我，静下心来，读一读那些开启智慧的经典之作。

培元芳是个非常喜欢读书的人，他善于通过书本上的知识来解决所有问题。当他觉得自己的生活枯燥乏味时，就会读小说；当他和上司发生了小摩擦时，就会阅读和人际交往相关的书；当他感觉自己的事业停滞不前时，就会阅读一些名人的成功经历，给自己增加信心和前进的动力。

两年之前，他喜欢上了心理方面的书籍，每当他缺乏信心的时候，就会看心理方面的书籍为自己充电。当然，在刚开始的时候培元芳也不是这样的，原先的他并没有阅读书籍的爱好。

就在他大学四年级的时候，参加了某公司的聚会活动，结果在活动中得到了很多的"图书优惠券"，为此培元芳开始购买大量的书籍。到了后来，培元芳根据一本书中所介绍的求职经验，很轻松地就在毕业时找到了一份满意的工作。从此，他尝到了阅读的甜头，因为这些书籍可以帮助他解决许多工作和生活中的麻烦。

无论是在社会上与人沟通，还是融洽家庭成员之间的关系，培元芳总是能够让自己走在别人的前面。

现如今，很多人误以为书籍只是传播知识的一种媒介物。其实，书籍对于不同的人的价值也是不同的。书籍和一般的消费品相比，人们往往会慎重购买，而且很多人都喜欢把书籍当成收藏品，自己宁愿花钱看电影，也不愿意轻易地购买和电影票同等价格的图书。

在现实生活中，我们应该适当降低对书籍的定位，把书籍也看成是一种普通的商品，我们也可以像消费一顿晚餐一样买书，或者是把书当作礼物赠送给朋友。总而言之，书籍对于我们来说是很平常的，如果我们每个人都把书籍当成普通的消费品，那么我们也更容易用低价买到好书。

尤其是对于年纪稍大一点的长辈来说，在他们那个年代，书籍是非常珍贵的东西，因此他们也一直教育我们要珍惜书籍。书籍，就应该成为在洗手间里都可以随时看到的普通物品，只有这样才能够让人们阅读到更多的好书，也只有读过很多书籍的人，才有能力判断哪些书具有珍藏价值。

除此之外，也只有通过大量的阅读，我们才能够找到改变人生的方法。也正是因为有了"图书礼券"，培元芳才得到了疯狂购书的机会，并且逐渐从阅读中体会到了书本上的知识所带来的莫大好处。

千万不要像收藏古董那样去买书，而是应该把买书当成一种习惯，因为只有广泛阅读，才能够让我们变得更加成熟，更加具有魅力。

还有这样一些人，买回来了很多书，总是把书保护得很好。其实，如果你已经买了很多书，那么就要物尽其用，千万不要浪费。切记不要把书当成宝贝一样爱护，而应该大胆地在上面做记号，随时在书上留下自己的读后感言。

在读书的过程中，如果需要记录一些内容，我们完全可以把书籍的空白处当作记事本使用。

根据一项调查，很多人从来不在乎弄脏图书馆的书，可只要是自己花钱买来的书，在读完之后都会小心翼翼地放在书柜里，舍不得让它落上一点灰尘。可是在搬家的时候，往往又把书当成废品一样处理掉。这种人不懂得如何把书当成人生工具。当然，我们想看书也不一定都要自己买。如果舍不得买，完全可以到图书馆借阅，虽然借来的书籍我们无法占为己有，但是我们却可以吸收书中的知识。

很多不幸的人都具有一个共同点，那就是把所有的忠告都当成是空洞的"大道理"。他们经常会把朋友们的真心话当成是耳边风，根本无视前辈们的忠告。不仅如此，他们还会把书中的内容都当成是"大道理"，认为这些道理自己很明白，所以不重视阅读。

其实，解读人生的真谛，又有哪一句不是"大道理"呢？"大道理"正是通过很多人的研究和实践所得到的。那些不喜欢思考的人，或者是拒绝改变自己的人，他们在拒绝"大道理"的同时，其实也放弃了让自己获得幸福的机会。